园林景观设计与林业生态建设

王继臣　王洪磊　达启林◎

吉林科学技术出版社

图书在版编目（CIP）数据

园林景观设计与林业生态建设 / 王继臣，王洪磊，
达启林著. -- 长春 ：吉林科学技术出版社，2023.3
　　ISBN 978-7-5744-0272-0

　　Ⅰ. ①园… Ⅱ. ①王… ②王… ③达… Ⅲ. ①园林设
计－景观设计②林业－生态环境建设－研究－中国 Ⅳ.
①TU986.2②S718.5

中国国家版本馆 CIP 数据核字 (2023) 第 065271 号

园林景观设计与林业生态建设

作　　者	王继臣　王洪磊　达启林
责任编辑	王旭辉
幅面尺寸	185mm×260mm　1/16
字　　数	288 千字
印　　张	13.25
版　　次	2023 年 3 月第 1 版
印　　次	2023 年 3 月第 1 次印刷

出　　版　吉林科学技术出版社
发　　行　吉林科学技术出版社
地　　址　长春市净月区福祉大路 5788 号
邮　　编　130118
发行部电话/传真　0431-81629529　81629530　81629531
　　　　　　　　　　　81629532　81629533　81629534

储运部电话　0431-86059116

编辑部电话　0431-81629518

印　　刷　北京四海锦诚印刷技术有限公司

书　　号　ISBN 978-7-5744-0272-0
定　　价　75.00 元

前　言

　　园林景观设计是由人与环境互动而逐渐产生的被感知到的视觉形态物以及人与环境的相互关系。而园林景观设计学作为一门综合性的学科，不仅是空间的艺术，更是视觉的艺术。园林景观的设计离不开人的视觉、心理和行为，它们之间是相互作用和相互影响的。林业是生态环境的主体，对经济的发展、生态的建设以及推动社会进步具有重要的作用和意义。随着我国政策的不断发展和改革，以及全球经济一体化的发展，生态经济的发展逐渐成为现代化建设的重要标志，面对这种机遇和挑战，林业工作肩负了更加重大的使命：一是实现科学发展、必须把发展林业作为重大举措；二是建设生态文明，必须把发展林业作为重要途径；三是应对气候变化，必须把发展林业作为战略选择；四是解决"三农"问题，必须把发展林业作为重要途径。

　　本书属于园林景观与林业生态方面的著作，主要研究园林景观的设计与林业生态建设。本书共分为两部分，第一部分主要研究园林景观设计方面的内容，首先从园林景观设计的基础介绍入手，接着分析了园林景观的空间设计和色彩应用；主要介绍了园林水景设计、景观种植设计以及景观小品的构造设计；第二部分是对林业生态建设方面的研究，率先分析了我国的主要林业资源；阐述了林业与生态文明建设的关系；最后对林业生态建设的技术与管理措施进行分析并提出了建议。本书内容详实、逻辑清晰，普遍适用于园林艺术设计、景观艺术及林业分析、生态建设的相关从业者学习使用，对园林景观设计与林业生态建设的研究有一定的借鉴意义。

　　限于作者的学识和理解水平，书中难免存在不足和疏漏之处，恳切希望读者和同行予以批评指正。

目　录

第一部分　园林景观设计

第二部分　林业生态建设

第一部分　园林景观设计

第一章 林景观设计概述

第一节　园林景观概述

一、园林的概念

（一）什么是园林

园林是指在一定的地域，运用工程技术和艺术手段，通过改造地形、种植树木花草、营造建筑和布置园路等途径创作而成的具有美感的自然环境和游憩境域。

中国园林是由建筑、山水、花木等组合而形成的综合艺术品，富有诗情画意。叠山理水要创造出"虽由人作，宛自天开"的境界。

园林是由地形地貌与水体、建筑构筑物和道路、植物和动物等素材，根据功能要求、经济技术条件和艺术布局等方面综合而成的统一体。这个定义全面详尽地提出了园林的构成要素，也道出了包括中国园林在内的世界园林的构成要素。

园林是在一个地段范围内，按照富有诗情画意的主题思想精雕细刻地塑造地表（包括堆土山、叠石、理水竖向设计）、配置花木、经营建筑、点缀驯兽（鱼、鸟、昆虫之类），从而创造出一个理想的有自然趣味的境界。

园林是以自然山水为主题思想，以花木水石、建筑等为物质表现手段，在有限的空间里，创造出视觉无尽的、具有高度自然精神境界的环境。

现代园林包括的不仅是叠山理水、花木建筑、雕塑小品，还包括新型材料的使用、废品的利用、灯光的使用等，园林在造景上必须是美的，且在听觉、视觉上具备形象美。

（二）园林的分类及功能

从布置方式上说，园林可分为三大类：规则式园林、自然式园林和混合式园林。

1. 规则式园林

其代表为意大利宫殿、法国台地和中国的皇家园林。

2. 自然式园林

其代表为中国的私家园林，如苏州园林、岭南园林等。以岭南园林为例，建设者虽效法江南园林和北方园林，但是将精美灵巧和庄重华缛集于一身，园林以山石池塘为衬托，结合南国植物配置，并将自身简洁、轻盈的建筑布置其间，形成岭南庭园玲珑、典雅的独特风格。

3. 混合式园林

是规则式和自然式的搭配，如现代建筑。

从开发方式上说，园林可分为两大类：一类是利用原有自然风致，修整开发，开辟路径，布置园林建筑，不费人事之功就可形成的自然园林。另一类是人工园林，是人们为改善生态、美化环境、满足游憩和文化生活的需要而创造的环境，如小游园、花园、公园等。随着人们生活水平的提高，美观与艺术方向发展，逐渐成为人工园林的一部分。

按照现代人的理解，园林不仅可以作为游憩之用，功能。植物可以吸收二氧化碳，放出氧气，净化空气；气体和吸附尘埃，减轻污染；可以调节空气的温度、湿度，改善小气候；具有减弱噪声和防风、防火等防护作用；园林对人们的心理和精神也能起到一定的有益作用。游憩在景色优美和安静的园林中，有助于消除长时间工作带来的紧张和疲乏，使脑力、体力得到恢复。园林中的文化、游乐、体育、科普教育等活动，还可以丰富知识和充实精神生活。

例如，城市建筑的垂直花园。随着人们对艺术追求的不断提高，园林景观艺术开始向多种类发展，在国外，一个新分支——垂直花园的出现很好地解释了混合式园林的出现与发展。垂直花园在现代城市景观中引起越来越多人的重视，它具有以下几点优势：首先，在任何地方都可以使用；其次，可以改善空气质量；再次，可以绿化环境。垂直花园由三部分组成：一个铁框架、一个板层，以及一个毡层。铁框架固定在墙体或可以站立，提供隔热和隔音系统；1 厘米厚的板片被固定在铁框架上面，为整个构筑增加坚固度并起到防水作用。最后一层用聚酰胺材料钉在板层上面，起到防腐蚀作用，同时这种类似毛细血管的设计形式可以起到灌溉的作用。

二、景观的概念

景观一词最早是指城市景观或大自然的风景。15 世纪，由于欧洲风景画的兴起，"景观"成为绘画的术语。18世纪，"景观"与"园林艺术"联系到一起。19世纪末期，"景观设计学"的概念广为盛传，使"景观"与设计紧密结合在一起。

然而，不同的时期和不同的学科对"景观"的理解不甚相同。地理学上，景观是一个科学名词，表示一种地表景象或综合自然地理区，如城市景观、草原景观、森林景观等；艺术家将景观视为一种艺术的表现；风景建筑师将建筑物的配景或背景作为艺术的表现对象；生态学家把景观定义为生态系统。有人曾说"同一景象有十个版本"，可见，即使是同一景象，不同的人对其有不同的理解。

按照不同的人对"景观"的不同理解，景观可分为自然景观和人文景观两大类型。

自然景观包括天然景观（如高山、草原、沼泽、雨林等），人文景观包含范围比较广泛，如人类的栖居地、生态系统、历史古迹等。随着人类社会对自然环境的改造，在漫长的历史过程中，自然景观与人文景观呈现互相融合的趋势。

景观是人类所向往的自然，景观是人类的栖居地，景观是人造的工艺结晶，景观是需要科学分析方能被理解的物质系统，景观是有待解决的问题，景观是可以带来财富的资源，景观是反映社会伦理、道德和价值观念的意识形态，景观是历史，景观是美。总之，景观最基本、最实质的内容还是没有脱离园林的核心。

追根溯源，园林在先，景观在后。园林的形态演变可以用简单的几个字来概括，最初是"囿"和"圃"。圃就是菜地、蔬菜园；囿就是把一块地圈起来，将猎取的野生动物圈养起来，随着时间的推移，囿逐渐成为打猎的场所。到了现代，囿有了新的发展，有了规模更大的环境，包括区域的、城市的、古代的和现代的。不同的历史时期和不同的种类成就了今天的园林景观。

三、现代园林景观设计的概念

我国园林设计大致可以分为两个阶段：传统园林设计和现代园林设计。值得注意的是，现代园林设计并没有完全脱离传统园林设计，而是在传统园林设计的基础上加入现代园林设计元素，既传承了传统园林设计，又符合现代园林设计的需求。

中国古典园林被称为世界园林之母，可见中国古典园林的历史文化地位。随着中国近代历史的演变，大量西方文化涌入，出现了"现代园林景观"这一名词，中国的现代园林景观设计也面临着前所未有的机遇和挑战。

随着我国现代城市建设的发展，绿色园林景观的需求和发展成为园林景观界第的主旋律。近年来，中国园林景观界形成了大园林思想，该理论继承和借鉴了国外多个园林景观理论,其核心是将现代园林景观的规划建设放到城市的范围内去考虑。

现代园林景观强调城市人居环境中人与自然的和谐,满足人们对室外空间的需求,为人们的休闲、交流提供活动场所,满足人们对现代园林景观的审美需求。亚龙湾蝴蝶谷是中国第一个设施完善的自然与人工巧妙结合的蝴蝶文化公园,也是中国第一个集展览、科教、旅游、购物为一体的蝴蝶文化公园。谷内小桥流水,景色宜人,内自然生长着成千上万只蝴蝶,随处可见色彩艳丽的彩蝶在绿树繁花间翩翩起舞。保护生态环境与开发旅游资源必然会产生很多矛盾,处理不当就会破坏生态环境。亚龙湾开发股份有限公司在设计和开发蝴蝶谷方面进行了有益的探索,并取得了显著成效。蝴蝶谷每一处建筑都巧妙地利用了这里的原始山水及植被,使原始的生态资源得以充分利用和保护。园内的小桥、流水、幽谷、鲜花和翩翩起舞的彩蝶以及各类粗犷的原始植被,构成了一个幽静、自然的世外桃源。

中国现代园林景观设计以小品、雕塑等人工要素为中心,水土、地形、动植物等自然元素成了点缀,心理上的满足胜于物质上的满足。现代设计师甚至对自然的认识更加模糊,转而追求建筑小品、艺术雕塑等所蕴含的象征意义,用象形或隐喻的手法,将人工景观与自然景物联系在一起。从微观来看,自定义的几何图案以及材料的组织结构都让建筑本身具有一种生活的性质;从宏观上看,整个建筑有一种很强的视觉效应,每一个单体都采用蜂窝的几何形态连在一起,有系统地重复并不断地延伸,与茂密的植物很好地融合在一起。

四、现代园林景观设计的意义

景观的发展与社会的发展密切相关,社会经济、政治、文化的现状及发展对景观的发展都有深刻的影响。例如,历史上的工业革命使社会产生了巨大的进步,也促进了景观内容的发展和现代景观的产生。可见,社会的发展、文化的进步能促进园林景观的发展。

随着社会的发展,能源危机和环境污染的问题也随之出现,无节制的生产方式使人们对生存环境的危机感逐渐增强,于是保护环境成为人们的共识,也更加注重景观的环保意义。因此,社会结构影响景观的发展,景观的发展也影响社会的发展,两者是相互发展、相互作用的。

现代园林景观以植物为主体,结合石、水、雕塑、光等进行设计编排,营造出符合人们居住的、空气清新的、具有美感的环境。

现代园林景观的意义,首先在于满足社会与人的需求。景观在现代城市中已经非常普遍，并影响着人们生活的方方面面。现代景观要满足人的需要，这是其功能目标。景观设计最终关系到人的使用，因此景观的意义在于为人们提供实用、舒适、精良的设计。其次，现代园林被称为"生物过滤器"。在工业生产过程中，环境所承受的压力越来越大，各种排放气体如二氧化碳、一氧化碳、氟化氢等，会对人的身心健康产生一定的威胁。国外的研究资料显示，现代园林因绿化面积较大，能过滤掉大气中80%的污染物，林荫道的树木能过滤掉70%的污染物，树木的叶面、枝干能拦截空中的微粒，即使在冬天落叶树也仍然保持60%的过滤效果。再次，现代园林能改善城市小气候。所谓小气候，是指因地层表面的差异性属性而形成的局部地区气候，其影响因素除了太阳辐射外还有植被、水等因素。研究发现，当夏季城市气温为27.5℃时，草地表面温度为22~24.5℃，比裸露地面低6~7℃。到了冬季，绿地里的树木能降低风速20%，使寒冷的气温不至降得过低，起到保温作用。

日常生活的需要是景观设计的重要出发点，设计师总是把对舒适和实用的追求放在首位，设计时不追求表面的形式，不追求前卫、精英化与视觉冲击效果，而是着眼于追求内在的价值和使用功能。这种功能化的、朴素的景观设计风格应该赢得人们的尊敬。

当代园林景观继承了传统园林景观居住的实用性，适宜人类生活、游憩、居住，满足人们的精神与物质的需要。从图片中可以看出，植物与其他元素配合得相当融洽，颜色搭配使人感觉舒适，摆件和陈设也能给人带来精神上的放松。

五、现代园林景观设计的目的

现代园林设计的最终目的是保护与改善城市的自然环境，调节城市小气候，维持生态平衡，增加城市景观的审美功能，创造出优美自然的、适宜人们生活游憩的最佳环境系统。园林从主观上说是反映社会意识形态的空间艺术，因此它在满足人们良好休息与娱乐的物质文明需要的基础上，还应满足精神文明的需要。

随着人类文明的不断进步与发展，园林景观艺术因集社会、人文、科学于一体而受到社会的重视。园林景观设计的目的在于改善人类生活的空间形态，通过改造山水或开辟新园等方法给人们提供一个多层次、多空间的生存状态，并结合建筑的布局、植物的栽植，营造出供人们观赏、游憩、居住的环境。

园林景观设计将植物、建筑、山、水等元素按照点、线、面的集合方式进行安排，设计师借助这一空间来表达自己对环境的理解及对各元素的认识，目的是让人们获得更好的视觉及触觉感受。

第二节　园林景观艺术与园林景观美学

园林景观艺术是园林景观学中的重要组成部分，是研究景园创作的理论基础，没有艺术性的园林景观，就不是真正的园林景观。园林景观美源于自然，又高于自然，是自然美的升华，是自然美的再现。近年来，学术界关于景园艺术与景园美学方面的研究成果有很多，但仍然很难涵盖其全部，可见园林景观艺术与园林美学是一个非常复杂的体系，要完整而系统地论述它们是很困难的。因此，我们只能根据景园规划设计和创作实践的需要，从几个侧面进行理论性、探索性的阐述。

一、园林景观艺术的基本内容

（一）地形地貌艺术

地形地貌的利用与改造是园林景观艺术的重要内容之一，以中国园林为代表的东方园林景观是充分利用自然地形美的典范。西方研究地景学，即大地景观，也是现代园林景观艺术研究的重要方向，自然中的江、河、湖、海、池塘、瀑布、山峦、丘陵、峡谷、平川、草原等无一不是人间美景，即使是不毛之地的戈壁沙漠，也在太阳的余晖中透出粗犷、神妙的艺术美感。计成在《园冶》中就为此提出"巧而得体""精而合宜"的因地制宜的地形地貌利用原则。因此，在景园规划设计之初及建设过程中对地形地貌利用时应注意以下几方面。

1. 科学调查，合理评价

自然界变化万千，对建设用地内所涉及的地形地貌及地质构造、水文等相关情况充分认识，并给予准确地评估，以便在规划设计中合理利用或改造。

2. 因势利导，保护为主

因地制宜，因势利导是地形地貌利用的基本原则，要正确地利用原有的地形，无论建造房屋、修路、种树等，一切属于园林景观建设的内容，都要使原有的地形变动越少越好，避免大动干戈。纵观历史，我国许多名山上的人文构景都是因山就势，尊重自然，这其中包含着深刻的科学性、艺术性、思想性和经济合理性。

3. 时空互动，远近结合

自然景观中的地形地貌是构建园林景观的载体，在开发利用时，应首先考虑时间上的远近结合，合理规划，分期建设，为未来发展留有充分的余地；在空间上也要远近结合，讲究景观序列中自然与人文景观的层次与景深。景观建筑师应清醒地认识到，自然地形地貌一旦被人为破坏是难以恢复的。因此，时间与空间的远近结合十分重要。

4. 高瞻远瞩，绿色映帘

从审美心理来分析，人们不辞辛苦地寻求登山之乐，游览自然风光，目的在于欣赏自然界的万千变化，地势的起伏不定和登高望远，体会"一览众山小"的意境。因此，在地形地貌规划改造中，适当安排高瞻远瞩的眺望点是必要的。此外，绿色植物是自然地形地貌的保护层，可以丰富和改善自然地势之美，在设计中应充分利用。

（二）水景艺术

水景艺术是景园艺术的重要组成部分，尤其是中国古典园林，几乎不存在没有水景的古典园林景观。

在具体做法中，《园冶》的观点具有一定的代表性，对后期造园水景艺术的处理影响也较大。如关于水景的位置有如下叙述："高方欲就亭台，低凹可开池沼"（《园冶·相地篇》），"就低凿水"（《园冶·山林地》），"立基先究源头，疏源之去由，察水之来历"（《园冶·相地篇》）等。

近现代园林景观之中水景艺术的塑造则除遵循自然、古典传统之美外，更因科学技术的进步及人的审美观的变化而增加了更多的形式及做法，并与其他造型要素相互配合，如声、光、电等，已不是一位景观建筑师所能全面掌握的了。

（三）园路的艺术

园林景观艺术在欣赏过程中想达到"步移景异"的效果，与园路的设计形式是密不可分的。园路的设计要方便游人去选择游览的目标，实际上游人还是依从设计的意图前进，这两方面必须巧妙地结合起来，缜密地处理复杂的游人心理。失败的设计是把游人约束在道路上，像赶鸭子一样缓缓地蠕动，或者像有轨电车一样，不得不循着轨道前进。

园路的设计形式很多（见表1-1），依景观布置及游览需要而定。从某种意义上说，园路的设计本身就是一种艺术，园路的设计也是为了更好地展示园林景观艺术，好的园路设计也能使人感到艺术的享受，符合人的行为心理需求。

表1-1　园路的形式

序号	形式	特点
1	直线式	出现在大门附近，及其他主景附近
2	弧线式	出现在自然式景物附近
3	盘曲式	在较陡的山坡或为增加路线长度而设
4	经过式	不重要的景物，只需一掠而过，无须停留或在一定距离之外即可满足观赏
5	环曲式	山体不大时而设的环山小路
6	集中式	为园中主要景物而设
7	分歧式	景点多、区域小时无法安排循环路线时，用一条主路线去主景，沿路安排次路
8	殊途同归式	与分歧式不同，来自各方的路线都奔向一个主线、主景而来
9	若隐若现式	园路可隐于树丛、山丘之中，不要全部暴露或一目了然
10	障碍重重式	在地形和地物复杂的情况下，要克服建筑、高地、树丛的障碍迂回而过

人在园路行进过程中的动、停行为是与景物及人的心理等多方面需求相呼应的（见表1-2）。决定园路艺术性高低的因素，还有园路的色彩、肌理、质感及舒适，性等。

表1-2　园路中的移动和停留的因素

序号 因素	移动的因素	停留的因素
1	逻辑上地前进	有舒适的停留设施、条件
2	导向性设施引导	景观优秀，引人入胜
3	临时的动机	展示内容丰富
4	预设未知景物	专设休憩区
5	预设中心、主题场所景物	游移不定考虑选择
6	随机情绪的需要	疲惫不堪
7	突发性不便停留因素而必须离去	特殊视点（眺望等）兴趣吸引
8	从众心理	从众心理
9	无目的随意型	无目的的停留

1. 色彩

园路的色彩宜与周边环境协调，一般不用鲜艳的原色。

2. 肌理

园路本身是园林景观的一部分，其表面的机理花纹效果应与整体相协调，并应体现园路设计的意图与风格。如草皮路、卵石路、碎片路、预制人造材料路、天然石材路等。不同材质，肌理效果不同，应合理选用。

3. 质感

园路常需要用某种质感的材料来体现特定的效果或气氛，如日本枯山水中用耙耙过的白色砾石表示曾经被海水冲过的河滩或大海的象征，园路的艺术美感与人行走的舒适感极为密切，令人行走困难、无安全感的园路是不会令人有美感的。

如在坡道上采用抛光的花岗碎片平铺的道路，常会让人滑倒，尤其在雨中，无论这样的园路如何漂亮，因为没有舒适感，即失去了其以人为本的内在艺术性。

"道路是人走出来的"这句话对园路的设计很有意义，指出了它的方向性、合理性和必要性，应符合人的需求，艺术的真正含义正是孕育在人的需要当中。因此，道路设计是体现园林景观设计的重要方面。

（四）园林景观中色彩的艺术

色彩是构成园林景观艺术不可缺少的要素，园林景观中的众多设计要素都有或动或静的色彩实体，在设计中应合理搭配自然景物与人工构筑之间的色彩关系，充分利用自然色彩美，减少人为色彩的比重，具体应遵循以下几项原则。

1. 色相

园林景观中的要素和植物的色相非常丰富，但并非色彩越多就越令人愉快。在设计中有单一色相设计、两种色相配合及三种色相配合等手法，两种以上的多色相设计应慎用。此外，还应注意园林景观中背景（如墙壁、建筑）颜色的选择与搭配，对营造良好的色彩艺术气氛极为重要。

2. 色块

中国传统绘画技法注重在线条的表现，而西洋绘画无论是水彩或油画，均以色块表现为主。园林景观中的色彩也是由各种大小色块构成的，色块的设计手法及效果有多种，如色块的大小、集中与分散、排列方式、对比、浓淡、冷暖、明暗等均直接影响景观的实际效果。

3. 背景

园林景观中的一些垂直景物，如墙面、绿篱栏杆、远处山体、高树丛、建筑物、天空等可以适当地利用，作为背景的衬托，在设计中应灵活运用，巧妙安排。

4. 色彩象征及寓意

人类在对色彩的认识过程中，逐步形成对不同的色彩有不同的理解，并赋予它们不同的含义与象征，体现出不同民族、不同地域、不同信仰的人的不同历史传统及文化背景。一般来说不同性别、不同年龄、不同阶级甚至同一个人在情绪不同时对色的认识亦有所不同（见表1-3）。如红色象征火的色彩，在中国还象征革命的火炬，红又是交通信号的停止色，消防车色；黄色象征日光，在中国是帝王的专用色，古罗马的黄色为高贵色，但在欧美，黄是下等色；绿色象征和平与安全，生命与生长，嫩绿又意味着不成熟，但在西方把绿色看成是嫉妒的恶魔；蓝色是幸福希望，在西方蓝色表示身份的高贵，在日本蓝色表示青春，同时蓝色又往往意味着悲伤；紫色是高贵庄重色，在中国、日本表示服装、建筑等级，表示吉祥之色，如紫气东来，紫禁城等。古代中国、日本还以色代表方位，如东为蓝、南为红、西为白、北为黑、中为黄。

表1-3　色的抽象联想

类别　　色别	青年（男）	青年（女）	老年（男）	老年（女）
白	清洁神圣	清楚纯洁	洁白纯真	洁白神秘
灰	阴郁绝望	阴郁忧郁	荒废平凡	沉默死亡
黑	死亡刚健	悲哀坚实	生命严肃	阴郁冷淡
红	热情革命	热情危险	热烈卑俗	炽热幼稚
橙	焦躁可怜	卑俗温情	甘美明朗	欢喜华美
茶	雅致古朴	雅致沉静	雅致坚实	古朴素雅
黄	明快泼辣	明快希望	光明明快	光明明朗
黄绿	青春和平	青春新鲜	新鲜跃动	新鲜希望
绿	永恒新鲜	和平理想	深远和平	希望公平
蓝	无限理想	永恒理智	冷淡薄情	平静悠闲
紫	高尚古朴	优雅高贵	古朴优美	高贵消极

（五）园林景观空间艺术

园林景观布局及空间设计变化很多，其基本特征符合自然空间形态的变化规律，如自然环境中远山峰峦起伏呈现出节奏感的轮廓线，由地形变化所带来的人之仰、俯、平视构成的空间变化，开阔的水面或蛇曲所带来的水体空间和曲折多变的岸际线，以及自然树群所形成的平缓延续的绿色树冠变化线等。概括起来，园林景观空间艺术的表现有以下几个方面：

第一，体现自然形态之美，符合自然景物变化规律。

第二，空间形式变化多端，如开合、大小、高低、明暗、对比缩小、扩大等。

第三，讲究序列及景深，可为人提供行为与心理享受的场所。

第四，建筑布局与园林景观景区划分融为一体，体现人工与自然的和谐统一。

第五，园林景观空间讲究视觉化的透视效果、序列及景深。

二、美与自然美

（一）园林景观艺术的根源——美与自然美

园林景观艺术的根本是"美"，脱离了艺术原则中的美，园林景观艺术就失去了其在环境中的意义，而"美"本身就是一个极其复杂的概念。美是一种客观存在的社会现象，它是人类通过创造性的劳动实践，把具有真和善品质的本质力量，在对象中实现出来，从而使对象成为一种能够引起爱慕和喜悦的感情的观赏形象，就是美。可见美当中包含着客观世界（大自然），人的创造和实践，人的思想品质及诱发人视觉和感知的外在形象。

人对美的认识来自对美的心理认识——美感。美感因社会、阶层、民族、时代、地区及联想力、功利要求等的不同而不同。基于此，对园林景观艺术的复杂性、多元化的认识也应首先从美的特征来把握。

自然美是一切美的源泉。园林产生于自然，园林景观美来自人们对自然美的发现和观察，认识和提炼。因此园林景观艺术的根源在于对自然美的挖掘和创造。

（二）园林景观艺术中的意境

园林景观艺术的表现除园林景观空间造型的外在形式外，更重要的是它像山水画艺术及文学艺术那样使人得到心理的联想和共鸣而产生意境。明朝书画家董其昌说过："诗以山川为境，山川亦以诗为境"，吸取自然山川之美的园林艺术既可"化诗为景"，更可使人置身其中触景生情，进而引发人的诗、画之联想。从以下的古诗中我们可以感受诗人对园林景观意境的描述：

"独照影时临水畔，最含情处出墙头。"（吴融《杏花》）

"繁华事散逐香尘，流水无情草自春。日暮东风怨啼鸟，落花犹似坠楼人。"（杜牧《金谷园》）

从以上诗句的描述可见，人们对园林景观意境的感受多数是由心理感受引发的，由景及物、由物及人、由人及情，欣赏者的心理感受多是以个人为主体。相对于设计者而言，应注意园林景观环境中心理的设计与定位，以便引发欣赏者的"意境"感受。可以说，意境的产生，应由园林景观提供一个心理环境、刺激主体产生自我观照、自我肯定的愿望，并在审美过程中完成这一愿望，表现在实际中，对意境的感知是直觉的、瞬间产生的"灵感"。因此，园林艺术中意境的创造应尊重欣赏者的心理变化，而不单单是设计师的构思与想象。

第三节 园林景观艺术造型规律与艺术法则

园林景观艺术是多元化的、综合的、空间多维性的艺术，它包含着听觉艺术、视觉艺术、动的艺术、静的艺术；时间艺术、空间艺术；表现艺术、再现艺术；实用艺术等。此外，园林景观艺术同绘画、音乐、舞蹈等艺术形式欣赏的地点及方式不同，可以是动态的、不受空间限制，创作所用的物质材料可以是有生命的，而其他艺术形式则不能。同其他艺术形式相同的是园林景观艺术创作存在着艺术家本人的创作个性，涉及艺术家个人的思维、意境、灵感、艺术造诣、世界观、审美观、阅历、表现技法等多个方面。园林景观的设计、建造过程伴随着结构、材料、工艺、种植等技术，且周期较长，这也导致园林景观艺术的创作有其自己的特点。

一、园林景观艺术的造型规律

（一）多样统一律

这是形式美的基本法则，体现在园林景观艺术中有形体组合、风格与流派、图形与线条、动态与静态、形式与内容、材料与肌理、尺度与比例、局部与整体等的变化与统一。

（二）整齐一律

园林景观中为取得庄重、威严、力量与秩序感，有时采用行道树、绿篱、廊柱等来体现。

（三）参差律

与整齐一律相对，有变化才丰富，有章法与变化才有艺术性，园林景观中通过景物的高低、起伏、大小、前后、远近、疏密、开合、浓淡、明暗、冷暖、轻重、强弱等变化来取得景物的这一变化。

（四）均衡律

园林景观艺术中在空间关系上存在动态均衡和静态均衡两种形式。

（五）对比律

通过形式和内容的对比关系可以突出主题，强化艺术感染力。园林景观艺术在有限的空间内要创造出鲜明的视觉艺术效果，往往运用形体、空间、数量、动静、主次、色彩、虚实、光彩、质地等对比手法。

（六）谐调律

协调与和谐是一切美学所具有的规律，园林景观中有相似协调、近似协调、整体与局部协调等多种形式。

（七）节奏与韵律

园林景观空间中常采用连续、渐变、突变、交错、旋转、自由等韵律及节奏来取得如诗如歌的艺术境界。

（八）比例与尺度

园林景观讲究"小中见大""形体相宜"等效果，也须符合造型中比例与尺度的规律。

（九）主从律

在园林景观组景中有主、有次，空间才有秩序，主题才能突出，尤其在大型综合多景区、多景点园林景观处理中更应遵循这一艺术原则。

（十）整体律

设计中应保持园林景观形体、结构、构思与意境等多方面的完整性。

二、园林景观艺术的法则

园林景观艺术是在人类追求美好生存环境与自然长期斗争中发展起来的。它涉及社会及人文传统，绘画与文学艺术，人的思想与心理等多个方面，它在不同的时代和环境中最大限度地满足着人们对环境意象与志趣的追求，因而园林景观艺术在漫长的发展过程中形成了自己的艺术法则和指导思想，主要体现在以下几个方面。

（一）造园之始，意在笔先

园林景观追求意境，以景来代诗，以诗意造景。为抒发人们内心情怀，在设计景园之前，就应先有立意，再行设计建造。不同的人、不同的时代有不同的意境追求，反映了人类对人生、自然、社会等不同的定位与理解，体现了人类的审美情趣与艺术修养。

（二）相地合宜，构图得体

《园冶》相地篇主张"涉门成趣""得影随形"，构园时，水、陆的比例为："约十亩之地，须开池者三……余七分之地，为垒土者四……"，不能"非其地而强为其地"，否则只会"虽百般精巧，却终不相宜"。

（三）巧于因借，因地制宜

中国古典园林的精华就是"因借"二字。因者，就地审势之意；借者，景不限内外。所谓"晴峦耸秀，绀宇凌空；极目所至，俗则屏之，嘉则收之，不分町疃，尽为烟景……"。通过因时、因地借景的做法，大大超越了有限的景观空间。

（四）欲扬先抑，柳暗花明

这也是东西方园林景观艺术的区别之一。西方的几何式园林开朗明快、宽阔通达、一目了然，符合西方人审美心理；而东方人因受儒家学说影响，崇尚"欲露先藏，欲扬先抑"及"山重水复疑无路，柳暗花明又一村"的效果，故而在园林景观艺术处理上讲究含蓄有致、曲径通幽、逐渐展示、引人入胜。

（五）开合有致，步移景异

园林景观在空间上通过开合收放、疏密虚实的变化，给游人带来心理起伏的律动感，在序列中有宽窄、急缓、闭敞、明暗、远近的区别，在视点、视线、视距、视野、视角等方面反复变换，使游人有步移景异，渐入佳境之感。

（六）小中见大，咫尺山林

前面提到园林景观因借的艺术手法，可扩大园林景观空间，小中见大，则是调动内景诸要素之间的关系，通过对比、反衬，造成错觉和联想，合理利用比例和尺度等形式法则，以达到扩大有限空间、形成咫尺山林的效果。

（七）文景相依，诗情画意

中国传统园林景观的艺术性还体现在其与文字诗画的有机结合上，"文因景成、景借文传"，只有文、景相依，景观才有生机，才充满诗情画意。中国园林景观中题名、匾额、楹联随处可见，而以诗、史、文、曲咏景者则数不胜数。

（八）虽由人作，宛自天开

中国园林景观因借自然、堆山理水，可谓顺天然之理，应自然之规，仿效自然的功力称得上"巧夺天工"。正如《园冶》中所述："峭壁贵于直立，悬崖使其后坚。岩、峦、洞穴之莫穷，涧、壑、坡、矶之俨是；信足疑无别境，举头自有深情"。另有"欲知堆土之奥妙，还拟理石之精微。山林意味深求，花才情缘易逗。有真有假，做假成真。……"古人正是在研究自然之美，探索了这一自然规律之后才悟出园林景观艺术的真谛，这是中国古典园林景观最重要的艺术法则与特征。

第二章 园林景观的空间设计

第一节　园林景观空间概述

一、空间概念的界定

关于"空间"概念的阐释，最早可以追溯到古代哲学家老子的"虚实观"。《道德经》曰："三十辐共一毂，当其无，有车之用，埏埴以为器，当其无，有器之用。凿户牖以为室，当其无，有室之用。故，有之以为利，无之以为用也"。这里将人居空间同车轮、陶器相比拟，指出人居空间就像车轮和陶器的构筑形式一样由虚与实共同构成。建造房屋需要开凿门窗，有了门窗、四壁围合的空间，才有了房屋的作用，所以"有"（门窗、墙、屋顶等实空间）所带给人的"利"（利益、功利），必须靠"无"（内部的空间）来发生作用，由此得出了建筑空间是由"有""无"构成的结论，即"实空间"和"虚空间"。依此推演，空间中担当实体的不仅仅是建筑结构，还包括其他能够构成虚的任一物态，如植被、雕塑、水体等，建筑的构成本身只是"虚在内实在外"的一种格局，而园林景观中，景墙隔断、雕塑等元素，则多为虚在外实在内的模式。

此外，关于实与虚的理解，还可以扩延到物理的和精神的层面，这样，园林景观的空间就具有双重性质。它既是实体空间与虚体空间的结合，又是由物理空间（实）与人的艺术感受"虚拟空间"（区域的心理暗示）的结合。因此，园林景观空间是实用空间、结构空间和审美空间的有机统一体。当然，也有学者认为可以用有形空间和无形空间加以界定。

二、空间设计中人的主导作用

人是空间设计的本体，对于人与空间关系的研究依托于人体工程学的成果。实验表明，人的视觉心理影响着景观的形态与色彩等要素的设计，人的听觉与嗅觉影响着对景观中综合感知的处理，人体尺度影响着空间单元的体量大小的设定，人的行为模式是景观空间交通流程的设计依据，是决定路线是否合理、科学、便捷、美观的参照标准。

（一）空间中人的行为习性对园林景观设计的启发

1. 动物性的行为习性

（1）抄近路——空间流程的便捷度

人具有抄近路的习性，尤其当清楚地知道目的地的准确位置时，总会试图选择最短的路程，因此，园林景观道路的设计一定意义上应参考人的这一行为特点。如某高校中心广场的设计改造就是一例围绕人流集散而作的调整。此广场位于教学区、行政区、宿舍、图书馆、运动场之间的要隘，与学校的大门和主干道相邻，因此建校之初出于美化环境而做的大片草坪已不适应多向交叉的人流需要，尽管立着警示标语，频繁穿越仍不可避免。但从交通需求判断，被迫绕行是违背人性的做法。改造后的广场，将植被草皮分散划域，满足四通八达的人流穿行，空间分布也有了一定的序列性，再加上水体与艺术小品的置入，使原本淤塞废置的空间更加实用且具人文性。

国外设计师曾有过大胆的尝试，在未完成路线设计之前开放景区，然后通过航拍勾勒出人为踩踏的全景路线图，参照修建行走路线。这无疑是以人为本的设计典范。当然这一理念有别于中国古典园林营造手法中曲径通幽的立意。

（2）识途性——道路设计的安全性原则

一般情况下，人们不熟悉道路时，会边摸索边通往目的地，为了安全则不自觉地按原路返回。灾难的现场报告表明，许多遇难者都是因为本能而原路返回没有迅速寻找正确的疏散出路，失去了逃生的机会。因此，园林景观空间中必须有详细、明确的标志，既起到引导流程的作用，也在突发事件发生时给人以快捷的提示。这是空间设计中最关键的环节之一。

（3）左侧通行、左转弯——空间流向的舒适度

在没有汽车干扰的道路和中心广场，当人群密度达到 0.3 人/以上时，人会自然而然地向左侧通行，这是由于人的右手防卫感强而照顾左侧的缘故。在棒球运动中垒的回转方向以及田径运动的跑道、滑冰的方向均是左向转弯。因此，对于主要出入口方位、景观节点的序列和宏观规划都应考虑到人的左侧行走和左转弯的特性。

（4）从众习性、聚集效应——给予公众接触和交往的适宜空间

研究发现，当公共场所的人群密度超过 1.2 人/m² 时，步行速度明显下降，出现滞留，如由于好奇造成围观现象。景观设计倡导娱乐体验，更加强调这一效应的科学把握，即研究如何运用景观节点造成人群滞留，并激发人们尤其儿童参与到环境中。当然，滞留空间的尺度和形态要适宜人群的聚集和交互活动。出于安全避险的考虑，应合理妥善地处理景区与周围疏散通道的关系。

2. 互为体验的行为习性

公共空间接纳的人群构成较为复杂，人的心理情境、文化、年龄层次各有不同，空间必须有供大部分人活动的场所，又要有个体相对私密的区域。孩子们热衷于被欣赏的愉悦和满足，有人则希望体验偏于一隅的凝神静察，所以，空间中的人在体验环境的同时也有着欣赏与被欣赏的体验。以诗作解："你在桥上看风景，看风景的人在楼上看你。明月装饰着你的窗，你装饰着别人的梦。"总之，空间的设计应兼顾私密和公共性，即：注重空间视觉层次的丰富，满足空间类别的多样需求。

（二）人体尺度是空间比例设定的基准

心理学家萨默（R.Sommer）曾提出：每一个人的身体周围都存在着特定的个人空间范畴，它随身体移动而移动，任何对这个范围的侵犯与干扰都会引起人的焦虑和不安。为了度量这一空间范围，心理学家做了很多实验，结果证明这是一个以人体为中心发散的"气泡"，相当于一个人下意识中的个人领域范围。

1. 空间中人与人的尺度

由于"气泡"的存在，人们在相互交往与活动时，就应该保持一定的距离，而且这种距离与人的心理需要、心理感受、行为反应等均有密切的关系。霍尔对此进行了深入研究，并概括为 5 种人际距离：

（1）密切距离：0m~0.45m

接近相 0m~0.15m，亲密距离、嗅觉敏感、感觉得到身体热辐射；

远方相 0.15m~0.45m，可接触握手；

适合人群：母子、情侣、密友、敌人（保护、爱抚、耳语、安慰、保护、格斗）；

不适合：通道的拥挤、坐椅的间距等。

（2）个体距离：0.45m~1.20m

接近相 0.45m~0.75m，促膝交谈，可近距接触，也可向别人挑衅；

远方相 0.75m~1.20m，亲密交谈，清楚看到对方的表情适合：密友、亲友、服务人员与顾客；

不适合：景亭坐椅相对的距离。

（3）社交距离：1.20m～3.60m

接近相1.20m～2.10m，社交文化，同伴相处、协作；

远方相2.10m～3.60m，交往不密切的社会距离，这一距离内人们常常有清晰的视线但各自相视走过也不显局促和无礼。

（4）公共距离：>3.60m

接近相3.60m～7.50m，敏锐的人在3.6m左右受到威胁时能采取逃跑或防范行动；

远方相：>7.50m，借助姿势和扩大声音勉强可以交流。

（5）公众距离>20.00m

20m～25m平方的空间，人们感觉比较亲切，超出这一范围，人们很难辨识对方的脸部表情和声音，距离超过1Wm的距离，肉眼只能辨识出大致的人形和动作，这一尺度也可成为广场的参照，超出这一尺度，才能形成广阔的感觉。390m是创造深远、宏伟感觉的尺度。

2. 空间中人与环境的常规比

园林景观环境中，人的美感和舒适度与尺度密切相关。周边实体的高度与中间距离的比例关系，影响视觉和心理的感受。假定实体的高度为H，观看者与实体的距离为D，则有如下几种尺度关系：①$D/H<1$，人的视线与外部空间界面构成的夹角大于45°，空间有一种封闭感，界面使人产生压抑感，这种空间为封闭空间。②$D/H=1$，即垂直视角为45°，可看清实体细部，有一种内聚、安定又不至于压抑的感觉；$D/H=2$，即垂直视角为27°，可看清实体的整体，内聚、向心，而不至于产生离散感；$D/H=3$，即垂直视角为18°可看清实体与背景的关系，空间离散，围合性差。③$D/H>3$，则空旷、迷失、荒漠的感觉相应增加，这种空间为开敞空间。

3. 避难空间的安全尺度

（1）中心防灾公园

场地面积一般要达到或大于50hm²，即使公园四周发生了严重大火，位于公园中心避难区的避难者依然安全。

（2）固定防灾公园

场地面积一般在（10～50）hm²，当面积为25hm²，若公园两侧发生的火灾，避难者受到威胁时向无火的方向转移仍然有保障；当面积为10hm²，若公园一侧发生的火灾，避难者也有安全保障。

(3) 紧急防灾公园

场地面积一般不小于 $1hm^2$，考虑至少容纳 500 人。

第二节　园林景观的空间类型

一、按使用性质分类

(一) 休闲空间

休闲是指在非劳动和非工作时间内以各种"玩"的方式求得身心的调节与放松，达到体能恢复、身心愉悦、保健目的的一种生活方式。休闲空间就是满足以上功能的相对于劳作的休憩空间，包括公园、步行街、居住区绿地、娱乐广场等，空间较开阔舒适。

(二) 特型空间

所谓特型空间是指跳出常规的思维模式或具有特殊目的、为特定的对象服务而营建的景观空间。在这些景观空间中，设计目标明确，针对性强，并具有具象的诱发与抽象的联想，追求创新精神与时代特色。城市公共绿地中针对儿童、老年人的活动空间，具有相对固定的使用人群和相应的服务要求，亦属于特型景观空间。在针对具体基地情况进行处理的过程中，滨水景观空间、街道景观空间、城市产业废弃地的生态修复等都可以成为特型景观空间。

二、按人对空间的占有程度分类

(一) 公共空间

所谓的公共空间一般指尺度较大，人们较易进入，周边拥有较完善的服务设施，其公共空间开放程度最大、个体领域感最弱。这样的空间，常常被称为城市的客厅。这类空间除了带来丰富多彩的户外活动外，通常还作为区域或城市的标志性空间。因此公共空间除了多样的功能特征外，还具有标志和象征的意义。包括城市广场、商业步行街、综合社区中心以及开放的公园和绿地等。

（二）半公共空间

相对于公共空间，半公共空间则在空间的领域感上有所要求，尽管与公共空间在性质上很相似，但使用者对于空间的认同感强于公共空间。这类空间常包括社区的入口、居住区的中心绿地和道路以及住宅组团之间的活动场地（烧烤区，网球场，溜冰场等）。

（三）半私密空间

半私密空间在领域感上有程度更深、更细致的要求。这类空间的尺度相对较小，围和感强，人在其中感觉对空间有一定的控制和支配的能力。这样的空间通常包括公园的长廊，安静的小亭，开放的门前花园以及宅间的道路等地方。

（四）私密空间

私密空间在四种空间类型之中个体领域感最强，对外开放性最小，通常在尺度的大小，领域的归属感以及场地的所有权等方面有着更加严格的要求。通常包括住宅的前庭后院，公园里幽深的亭阁，密林中小块的空地等。

三、按空间的构成方式分类

景观设计的初步要解决空间的宏观与微观处理，在原有空间的基础上，设计者可以通过种种限定手法塑造和构成更为丰富多层次的空间状态，通常有如下几种：围合、设立、架起、凸起、凹入、覆盖、虚拟与虚幻等。

（一）围合空间

围合是最典型的空间限定方法，是通过立面围合形成的空间，具有明确的范围和形式，最易使人感受到它的大小、宽窄和形状，且与外部空间的界限分明。园林景观中，起到屏障作用的隔断、景墙、植被等元素都可以被作为围合限定元素使用。其封闭程度、与人的尺度比，以及材料的通透度等差异，均会使人产生不同程度的限定感。

1. 界面封闭程度决定围合限定度

无论矩形或圆形空间，限定度与人对空间的感知直接相关，当界面封闭程度较弱时，人会通过直觉完整化空间，但空间感较弱，面积近乎灰度；随着界面封闭程度增加，空间感更易趋向完整；当界面接近完全封闭时，空间感达到最强；反之，随着围合界面的减少，空间限定度随之弱化。

2. 界面与人的高度比，及其与人的远近决定围合限定度

当垂直界面较低，相距较远，使人的视线可轻易穿越，空间限定程度最弱；当垂直界面略高于人的身体尺度且相距较近时，空间限定程度随之增强；当垂直界面的高度是人的身体尺度的倍数且相距更近时，空间限定程度最强。

3. 界面材料的通透度决定围合限定度

当界面材料为实体且视觉上无法穿越时，空间限定度最强；当界面材料为实体但比较通透并具有一定的可视性时，限定度较弱；当构成界面的材质分布稀疏，可视性较好时，空间限定度最弱。

（二）设立空间

设立是一种含蓄的空间暗示手法，是通过单个或成组元素的设置，在原有空间中产生新的空间，它通常表现为外部虚拟的环形空间，或是具有通道的特定功能，或起到视线焦点的引导作用。它所达到的限定感与限定元素的高度、体量、材质、布局形式及蕴含的文化内涵对人心理的作用都有关，并且暗示程度因人而异。

景观中可以作为设立元素的如：亭榭、牌坊等建筑，石凳、坐椅等设施，雕塑、栽植等。

（三）凸起空间

凸起可以看作是不解放下部空间的"架起"，是为强调、突出和展示某一区域而在原有地面上形成高出周围地面的空间限定手法，其限定度随凸起高度而增加，凸起空间本身会成为关注的焦点或起到分流空间的作用。当凸起手法用于地台时，处在上方的人有一种居高临下的优越方位感，视野开阔。

（四）凹入空间

凹入是与凸起相对的一种空间限定手法。凹入空间的底面标高比周围空间低，有较强的空间围护感，性格内向。它与凸起都是利用地面落差的变化来划分空间的。处在凹入空间中的人视点较低，感觉独特新鲜。与凸起相比，凹进具有隐蔽性，凸起具有显露性。

（五）架起空间

架起空间与凸起有一定的相似，它是在原空间的上方通过支架形成一个脱离于原地面的水平界面，其上部空间为直接限定，承担主要功用，而下部腾空形成间接限定，承担次要功用，仅满足通风、造型的需要。

架起空间的上部限定度强，架起越高，限定感越强；下部限定度弱，是附带的覆盖。

（六）覆盖空间

覆盖是空间限定的常用方式。它一般借助上部悬吊或下部支撑，在原空间的上方产生近乎水平界面的限定元素，从而在其正下方形成特定的限定空间，这一手法称为覆盖。雨伞就是活动性的覆盖空间。

覆盖空间的限定度因限定元素的质地与透明度、结构繁简、体量大小，以及离地面距离等的差异而不同。室外环境中可作为覆盖空间的有景亭、候车亭、回廊、树木等。

同时，覆盖也是空间引导的方式之一。覆盖面呈阶梯或曲面状起伏时，下部空间将被多次限定，从而完成方向性的引导。

（七）虚拟和虚幻空间

虚拟空间是指在原空间中通过微妙的局部变化再次限定的空间，它的范围没有明确的隔离形态，也缺乏较强的限定度，通常依靠不同于周围的材料、光线、微妙高差、植栽手法来暗示区域，或通过联想和视觉完形来实现，亦称心理空间。

虚幻空间是戏剧性空间处理手法，它利用人的错觉与幻觉，构成视觉矛盾，并利用现代技术的一切可能性，如水、雾、声、光、电、镜面、迷彩等技术与人造材料的综合运用，创造有丰富审美体验的景观空间。

第三节　空间序列中的现代构成法则

景观空间设计的基本构成元素有点、线、面、形体、色彩、肌理等，其中由点成线、由线成面、由面成体是最重要的组织构成方式，而色彩与肌理则赋予形体精神定义。

一、构成语言的应用

（一）点的聚焦与造境

从几何学的角度理解，点是一个只有位置，没有面积的最基本几何单位，是一切形体的基本要素；从设计学的角度理解，点是一种具有空间位置的视觉单位，它在理论上没有方位、没有长宽高，是静态的，但实际上却是具有绝对面积和体积的，这完全取决于它与周围环境的相对关系。在景观序列中，只要在对比关系中相对小的空间与形体，如小体量的构筑物、植栽、铺装、灯具等都可视为点。

点一方面可以作为贯通空间的景观节点：当景观中的多个点产生节奏性运动时就构成了景观序列的节点，点的连续运动便构成了带状景观，一定程度起到引导流程的作用；另一方面点可以作为空间中聚焦和造境的手段：构成点的可见材料、形式、色彩等会强化点给人的心理感受，使之成为视觉的焦点，如灯具、雕塑、导向牌；而点的组织方式也有创造情境的作用，有规律排布的点，给人一种秩序井然的感觉，反之则有活泼灵动的效果。

（二）线的透视与导引

线从几何学的角度理解是"点的移动轨迹"或"面与面的交接处"。在景观设计中，凡长度方向较宽度方向大得多的构筑物和空间均可视为线，如：道路、带状材质、绿篱、长廊等。

线在造型范畴中，分为直线、斜线、曲线，线由不同的组合形式表达各种情感和意义。直线，是景观设计中最基本的形态，在景观构成中具有某种平衡性，因为直线本身很容易适应环境，它是构成其他线段的理论与造型基础；曲线与折线可视为直线的变形线，曲线，在自然景观与人工景观中都是最常见的形式，能缓解人的紧张情绪，使人得到柔和的舒适感；斜线，最具动感与方向性，有出色的导向性与方向感。

园林景观中，道路、长廊的线性特征可以产生明确的方向；高大绿化的有韵律地排列与道路的结合具有强烈的透视效果；线性材质运用在垂直界面时，表现为竖向可以加强空间的高度感，表现为水平时则有降低高度，扩大空间的作用，同样，点的尺度变化也会起到调节空间感的作用。

（三）面的联想与重构

面从几何学的角度理解是"线的移动轨迹"或"体与体的相接处"，直线展开为平面，曲线展开为曲面。在平面中，水平面平和宁静，有安定感，垂直面较挺拔，有紧张感，斜面动势强烈，曲面则常常显得温和亲切、奔放浪漫。

面的视觉形态及排列方式体现着一定的空间精神和性格。圆形空间，限定感较强，给人以愉悦、温暖、柔和、湿润的联想；三角形给人以凉爽、锐利、坚固、干燥、强壮、收缩、轻巧、华丽的联想；矩形给人以坚固、强壮、质朴、沉重、有品格、愉快的联想。

空间设计之初最关键的工作，就是根据功能经营面积，根据实际使用需求确定各个空间形状、大小、交叠与穿插关系，然后遵循"相交""相切""相离"的解构法则推衍空间格局和道路划分。其形态繁衍方式如下：

1. 原形分解

一种是将整形分解后，选取最具特征的局部形态分裂变异，重新组合；

2. 移动位置

打破原有组织形式，将原形移动分解后重新排列；

3. 切除

选择具有视觉美感的角度将原形逐步分切，保留最具特征的部分，切除其他，重新构成。

总之，打散重构的方法，就是将原形分解后对形象进行变异，转化，使之产生新形，这是空间设计对平面构成语言、图形创意手法的借鉴，会带来强烈的形式美感。

（四）色彩与质感的丰富知觉

在景观空间中，色彩是重要的造型手段，最易于创造气氛，传达感情，通常人通过视觉进行感知，造成特定的心理效应。它的存在必须依托于实体，但比实体具有的形态、材质、大小有更强的视觉感染力。作为一种廉价的设计手法，只要进行巧妙组合就能创造出神奇的空间氛围。

色彩因色相、明度、饱和度的不同给人以冷暖、软硬、轻重的直观感受，而且具备一定的象征意义。景观环境中色彩的应用可以借鉴其基本属性和心理效应加以定位，然后在定位的框架内完成配色，方法有三类：

1. 同类色相配色法

采用某一种色彩，做明度、饱和度的微妙变化，其最大的优点是色彩过渡细腻、情感倾向明确，但要避免单调化。同类色相配色法一般用于相对静谧的空间。

2. 类似色配色法

选择一组类似色，通过其明度和饱和度的配合，产生一种统一中富有变化的效果，这种方法容易形成高雅、华丽的视觉效果，适合于中型空间和动态空间。

3. 补色配色法

选择一组对比色，充分发挥其对比效果，并通过明度与饱和度的调节及面积的调整而获得鲜明的对比效果。其视觉感强烈活泼，适合大型动态空间。如果加入无彩色或过渡色还可以取得更为和谐统一的效果。

材料与质感是园林景观设计的重要元素，成功的设计离不开对材质的独到运用。常见材料按质地可以分为硬质材料和柔性材料，按其加工程度可以分为精致材料和粗犷材料，按其种类可以分为天然材料和人工材料。

材料的物理学特性给人以不同的感受，如重量感、温度感、空间感、尺度感、方向感、力度感等，使人可以更深入体会空间的精妙。所以，对于材料的搭配除遵循相似、对比、渐变等基本法则外，还要考虑材质质感与观赏距离的关系，既要有远视觉的整体效果也要有近观的细部；同时，要考虑质地与身体触感的关系，如借助地面铺装实现按摩保健、情境感知等功用，所以经过精心设计的质感空间，往往有利于鼓励人的参与，使场景更具亲和力；再者，还要充分考虑质地与空间面积的关系，粗犷的材质有前趋感，易造成空间的"收缩"和"膨胀"，反之，细腻的材质有"收敛"和"静默"感，比较适宜较小和静态的空间。

总之，材质的运用应当尽可能结合空间的功能，创造诸如亲切的、易于接近的、严肃的、冷峻的、远离的、纪念性的等各种性格的空间，利用不同质感的进退特征塑造空间的立体感、深远感。

二、设计元素的形式美法则

（一）比例与尺度

比例是空间各序列节点之间、局部与周边环境之间的大小比较关系。景观构筑物所表现的不同比例特征应和它的功能内容、技术条件、审美观点相呼应。合适的比例是指景观各节点、各要素之间及要素本身的长、宽、高之间有和谐的整体关系。尺度是景观构筑物与人身体高度、场地使用空间的度量关系。如果高度与常规的身高相当，则给人以亲切之感，如果高度远远超出常规身高，则给人以雄伟、壮观的感受。所以，在空间设计中可以把比例与尺度作为塑造空间感的手段之一。

（二）对比与微差

对比是指要素之间的差异比较显著，微差则指要素之间的差异比较微小，在景观设计中，二者缺一不可。对比可以借景观构筑物和各元素之间的烘托来突出各自的特点以求变化；微差则可以借相互之间的共同性求得和谐。没有对比，会显得单调，过分对比，会失去协调造成混乱，二者的有机结合才能实现既变化又统一。

空间设计中常见的对比与微差包括：形态、体量、方向、空间、明暗、虚实、色彩、质感等方面。巧妙地利用对比与微差具有重要的意义。景观设计元素应在对比中求调和，在调和中求对比。

（三）均衡与稳定

均衡是景观轴线中左右、前后的对比关系。各空间场所、各景观构筑物，以及构筑物与整体环境之间都应当遵循均衡的法则。均衡最常用对称布置的方式来取得，也可以用基本对称以及动态对称的方式来取得，以达到安定、平衡和完整的心理效果。对称是极易达到均衡的一种方式，但对称的空间过于端庄严肃，适用度受限；基本对称是保留轴线的存在，但轴线两侧的手法不完全相同，这样显得比较灵活；动态均衡是指通过前后左右等方面的综合思考以求达到平衡的方法，这种方法往往能取得灵活自由的效果。

稳定是指景观元素形态的上下之间产生的视觉轻重感。传统概念中，往往采用下大上小的方法获取体量上的稳定，也可利用材料、质地、色彩的不同量感来获得视觉心理的稳定。

（四）韵律与节奏

韵律与节奏是视觉对音乐的通感，表现在空间设计中，通常是将具有同一基因的某一元素作有规律、有组织的变化，其表现形式有连续韵律、渐变韵律、起伏韵律、交错韵律等。连续韵律一般是以一种或几种要素连续重复排列，各要素之间保持恒定的关系与距离，可以无休止地连绵延长，往往可以给人以规整整齐的强烈印象；渐变韵律是指连续重复的要素按照一定的秩序或规律逐渐加长或缩短、变宽或变窄、增大或减小，产生的节奏和韵律，具有一定的空间导向性；当连续重复的要素相互交织、穿插，就可能产生忽隐忽现的交错韵律；当渐变韵律按照一定的规律时而增加、时而缩小，有如波浪起伏或者具有不规则的节奏感时，即形成起伏韵律。

空间中的韵律可以通过形体、界面、材质、灯具、植栽等多种方式来实现。这样，由于韵律本身具有的秩序感和节奏感，就可以使园林景观的整体空间达到既有变化又有秩序的效果，从而体现出形式美的原则。

第四节　园林景观空间构成的细部要素设计

一、地面铺装

铺装是指在环境中采用天然或人工铺地材料，如沙石、混凝土、沥青、木材、瓦片、青砖等，按一定的形式或规律铺设于地面，又称铺地。铺装不仅包括路面铺装，还包括广场、庭院、户外停车场等地的铺装。园林景观空间的铺装有别于纯属于交通的道路铺装，它虽然也为保证人流疏导，以便捷为原则，但其交通功能从属于游览的需求。因此，色彩和形式语言都相对丰富，同时因为大多数园林中的道路需要承载的负荷较低，在材料的选择上更趋多样化，肌理构成更为巧妙宜人。

园林景观的铺装通常与建筑物、植物、水体等共同组景，因地制宜，在风格、主题、氛围等方面与周围环境协调一致。手法上可做单一材料的趣味拼接，可利用不同质地色彩做图形构成，可结合树根、井盖做美化与保护；形式上可借鉴某种生活体验加以抽象，使人联想水流、堤岸、汀步、栈桥、光影、脚印等；甚至在主题上加以创意表现，例如置入钟表、手模等概念。

二、植物要素设计

植物是软质景观的一种，具有维持生态平衡、美化环境等作用，集实用机能、景观机能等多重意义。植被的功能有如下四个方面——①建筑功能：界定空间、遮景、提供私密性空间和创造系列景观等；②工程功能：防止眩光、防止土壤流失、防噪音及交通视线诱导；③调节气候功能：遮阳、防风、调节温度和影响雨水的汇流等；④美学功能：强调主景、框景及美化其他设计元素，使其作为景观焦点或背景。

植物的形态是构成景观环境的重要因素，为景观环境带来了多种多样的空间形式。它是活的景观构筑物，富有生命特征和活力。

（一）园林景观植物设计的常规手法

1. 乔木

"园林绿化，乔木当家"。因其高度超过人的视线，在景观设计上主要用于景观分隔与空间的围合。处理小空间时，用于屏蔽视线与限定不同的功能空间范围，或与大型灌木结合，组织私密性空间或隔离空间。

2. 灌木

灌木在园林植物群落中属于中间层，起着将乔木与地面、建筑与地面之间连贯和过渡的作用。其平均高度与人的水平视线接近，极易形成视觉焦点。灌木是主要的观赏植物，可与景物如假山、建筑、雕塑、凉亭等配合，亦可布置成花镜。

3. 花卉

广义上的花卉是指具有观赏价值的植物的总称。露天花卉可布置为：①花坛：多设于广场、道路、分车带及建筑入口处。一般采取规则式布置，有单棵、带状及成群组合等类型；②花镜：用多种花卉组成的带状自然式布置。它将自然风景中花卉生长的规律，用于造园中，具有完整的构图，这是英式园林的主要特征；③花丛和花群：将自然风景中野花散生于草坡的景观应用于园林中，增加环境的趣味性与观赏性；④花台：将花卉栽植于台座之上，面积较花坛小。花台一般布置 1~2 种花卉；⑤花钵：是与建筑结合的花台，钵用木材、石材、金属做成，本身就是建筑艺术品，风格或古典、或新古典、或现代，钵内可直接植栽，也可按季放入盆花；⑥与地被共栽：高度限制于 200mm 以下。

4. 藤本植物

藤本植物是指本身不能直立，需借助花架匍匐而上的植物，有木本与草本之分。其配置方法如：①棚架式与花架式绿化；②墙面绿化；③藤本植物与老树、古树相结合，形成"枯木逢春"之感；④藤本植物用于山石、陡坡及裸露地面，既可减少水土流失，又可使山石生辉，与建筑的结合则更赋予人工造物自然情趣。常用植物有爬墙虎、紫藤、凌霄、常春藤等。

5. 水生植物

水生植物可分为挺水、浮叶、沉水、岸边植物等数种。水生植物对水景起着画龙点睛的作用，可增加生态感觉。

①水面植物的配置：使水面色彩、造型丰富，增加情趣和层次感。常用品种有荷花、

睡莲、玉莲、香菱等；②水体边缘的植物配置：使水面与堤岸有一个自然过渡，配置时宜与水边山石配合。常用菖蒲、芦苇、千屈草、风车草、水生 鸢尾等；③岸边植物配置：水体驳岸按材料可分为石岸、混凝土岸和土岸。石岸与混凝土岸生硬而枯燥，岸边植物的配置可以使其变得柔和。

（二）园林景观中植物的极简主义设计

极简主义园林中植物形式简洁、种类较少、色彩比较单一。主要手法如下：

1. 孤赏树

孤赏树即孤植树，是在植物选材的数量上简化到了极致，只用一棵乔木构成整个景区的植物景观。设计师往往会对树木有较高的要求，优美的形态、引人注目的色彩或质感是这些树木具备的特点。要求设计运用最简约化的元素深刻阐释空间意义，将极简主义"以少胜多"的思想精髓充分展现出来。

2. 草坪、修剪整形的绿篱

修剪整齐的草坪也是极简主义中常见的植物种植形式。草坪本身有将园林不同的空间联系成一体的功能，同时也具备单纯均匀的色彩和质地，修剪整齐后会形成简洁的色块，利于游人集散，从而创造出绿意、典雅、令人愉悦的场地。

3. 苔藓

苔藓是景观大师们从东方古典园林中寻找到的极简主义元素，日本的枯山水意以方寸营造万里的手法值得借鉴。而代表"山之毛发"的树木在极简主义手法中演化为石上的苔藓，但较之草坪，苔藓在意境营造上却更胜一筹。因为它"以小见大"给人以置身于葱茏山林的感受，从而具备了一种东方园林的神秘感。

4. 片植的纯林

如果说孤赏树是在植物个体数量上的"极简"，那么纯林则是在种类数量上的"极简"。极具雕塑形状的仙人掌和欧洲刺柏、修长挺拔疏落有致的竹子都是极简主义园林中常用的元素，再以大块熔岩作陪衬则更似一座座自然的雕塑。其刚柔相济，极具现代艺术的特点。

5. 模纹花坛

模纹花坛是西方古典园林常用的种植形式，也是现代设计师从古典园林中吸纳的极简主义元素之一。古典的模纹手法以极简的现代构图重新组合，达到了现代与古典美的结合。

6. 整齐的树阵

按网格种植的树阵也是极简主义园林中常用的手法。其整齐的方队式排列，体现出同一元素有序重复的壮观。

三、水体要素设计

中国园林景观的水文化源远流长。"曲水流觞"是文人士大夫饮酒作诗、游娱山水的一种方式，通常是在自然山水间选一蜿蜒小溪，置酒杯于溪中顺流而下，然后散坐于溪边，待酒杯于转弯处停滞之时，溪边之人须吟诗一首并饮尽杯中之酒，然后斟满酒杯，继续漂流。

（一）水的基本表现形式

水景是景观最活跃的因素，环境因水的存在而灵动。其基本表现形式有四种：

1. 流水

有急缓、深浅之分，也有流量、流速、幅度大小之分；

2. 落水

水源因蓄水和地形条件之影响而有落差溅潭。水由高处下落则有线落、布落、挂落、条落、多级跌落、层落、片落、云雨雾落；

3. 静水

平和宁静，清澈见底；

4. 压力水

有喷泉、溢泉、间歇水等。

（二）水与人的相位与距离

根据人与水的亲疏关系，通常分为观水设计和亲水设计两种：

第一，观水设计一般指观赏性水景，只可观赏不具备游嬉性，既可以作为单纯的水景，也可以在水体中种植植物或养殖水生动物以增加其综合观赏价值。这类水景大多依托于一定的载体，例如借助雕塑语言，以具象或抽象的、夸张或怪诞的形态强化视觉感，并尽可能与周边环境的整体风格相适应。

第二，亲水设计一般指嬉水类水景，它提供了承载游戏的功能，人与水的嬉戏也是水景构成的一部分。这种水体本身不宜太深，否则要设置相应的防护措施，以适合儿童安全活动为最低标准。

人们在水空间中非常渴望获得诸多要素的完整体验，需要观水、临水、亲水、戏水并重。

当人与水"零距离"接触时（S=0），人直接参与的，如戏水等；当人与水"近距离"接触时（0<S≤2m），人主要是贴水、亲水类活动；当人与水"中距离"接触时（2m<S≤50m），人主要是临水、跨水类活动；当人与水"远距离"接触时（50m<S≤∞），人主要是观水类活动。

四、观景与造景小品设计

（一）景门

景门除了发挥静态的组景作用和动态的景致转换以外，还能有效地组织游览路线，使人在游览过程中不断获得生动的画面，园内有园，景外有景。其形式与材料不拘一格，空间限定手法可与墙体结合也可具备独立的形态，或者由藤生植物等搭建而成，常见有开启的门式和直接通行的坊式。

（二）景窗

传统的园窗造景可分为什锦窗和漏花窗两种。什锦窗是在景墙和廊壁上连续设置各种相同或不同的图形作简单、交替和拟态反复的布置，用以构成"窗景"和用作"框景"。漏花窗可以分为砖花格、瓦花格、博古格、有色玻璃和钢筋混凝土漏窗等。现代园林景观中形式与材料则更为丰富，不拘一格。

（三）观景亭

亭子除了满足人们休息、避风雨之外，还起到观景和点景的作用，是整个环境的点缀品，现代都市又派生出其他特型功能，例如吸烟亭，空间限定也由常规的覆盖手法扩展到围合等综合手法。它占地不大、结构简单、造型灵活，材料也较以前有所突破，有钢筋混凝土结构、预制构件及棕、竹和石等自然材质。

（四）廊

廊具备避风雨和提供休息的功能，也起着引导交通、过渡和划分空间的功能，多以长条状的形式出现，可直可曲，是交通联系的通道。廊柱有单边、双边、居中等样式，顶部有封闭式与透漏式。廊的构成大多独立存在，也有与景墙或建筑墙面相依而建的。

（五）景桥

景桥是路径在水面上的延伸，有"跨水之路"之称，因此也具有构景和交通的双重功能。中国传统园林以水面处理见长，游人游于其上有步移景异的独特感受。现代园林的景桥传承了这一特质并在形式语言上进行了大胆创新。

（六）造石

传统园林的筑石艺术以"师法自然、再现自然"为法则，讲究虚实相生，多与水结合形成"水随山转，山因水活"。其平面布局上主张"出之理，发之意、达至气"，即指布局合理、意境传神、达到韵味和情趣。立面构图则注意体、面、线、纹、影、色的处理关系，有中央置景、旁侧置景、周边置景等多种构图方式。一般可做石组也可特置。步石，主要用作路径的铺装和趣味布置，石灯笼、经幢作点景在日本庭院内多见。现代园林的造石艺术多倾向于抽象的装置和雕塑意味，甚或兼具观赏与休憩、导引等多种功能。

（七）栏杆

栏杆通常是指按一定的间隔排成栅栏状的构筑物，多由钢、铁、混凝土、木、竹等材料构成，起到安全防护、隔离和装饰作用。在现代景观中，因其造型简洁明快、通透开敞，大大丰富了园林的景致。

（八）景墙

景墙分为独立式和连续式两种类型，功能上兼有安全防护、造景装饰和导引的作用，可以创造空间的虚实对比和层次感，使园景清新活泼。现代景观环境中，受艺术思潮的影响，有绘画、浮雕、镶嵌、漏窗等手法，常与植物、光线、水体等结合，营造独特的氛围，甚至追求夸张、荒诞、迷幻的效果。

（九）景观雕塑

雕塑作为重要的造景要素，分为广场雕塑、园林雕塑、建筑雕塑、水上雕塑等。它具有强烈的感染力，被比作园林景观大乐章里的重音符，在丰富和美化空间的同时更展示着地域文化和时代的特征，已成为其标志和象征的载体。

五、辅助设施

（一）园椅

形式优美的坐凳使空间具有舒适诱人的效果，景观中巧置一组椅凳可以使人兴致盎然。其形式的设计与材料的选择应因地制宜，既与整体环境相互提升，又具有个体的独特意味；在有乔木栽植的休闲广场或有古树生长的环境中，其布置方式可以与花池、树木结合，既起到保护植被的作用，又可为游人提供休息的空间，起到暗示环保的教育作用。

（二）园灯

园灯一般集中设置在园林绿地的出入广场、交通要道、园路两侧、交叉路口、台阶、桥梁、建筑物周围、水景喷泉、雕塑、花坛、草坪边缘等，发挥着多样的功能。大致可分为引导性的照明用灯、组景用灯、特色园灯等，照明方式有直接照明、间接照明等类型，实用且具有观赏价值。

（三）标志牌

一般标示小品都以提供简明信息为目的，如线路介绍、景点分布及方位等，常设置在广场入口、景区交界、道路交叉口等处，其制作形式多样、特色鲜明。

（四）其他：邮筒、时钟、电话亭、垃圾箱等

这类设施具有体积小、占地少、分布面广、造型别致、容易识别等特点，为人们提供了多种便利，解决了多种需要。

六、其他细部要素设计

（一）声景观设计区

环境中的声音很早就被人们所关注，如唐诗就有"鸟鸣山更幽"的佳句，以鸟鸣来进

一步衬托环境的幽静。而声景学作为一门学科，不仅为声学研究带来了新的视角，同时也为园林景观设计带来新的理念和切入点。

在园林景观空间中，对声音的规划应考虑：自然声的保护和发展利用，噪声的预防和控制，以及提高声景观的质量。依照空间规模的大小，声景的设计也要遵循一定的原则：空间规模小，则声景观的个别性和多样性的要素就越强，而空间规模大，声景观的公共性和统一性的要素就越强。因此，声景观设计应充分考虑以下设计内容：

第一，为了增加游客和自然亲密接触的机会，必须尽可能地保全和发展自然声，最初规划时应充分考虑用地的自然保护和可持续性，例如保护水体、形成丰富的植被群落和具有自我调节功能的生态体系，以便诱导各种鸟类和昆虫。

第二，对于不同使用目的空间进行声景的功能分区。通过种植设计予以分隔形成"缓冲地带"，使空间有过渡、游人有选择。能够通过远离喧嚣获得心境的平和。

第三，充分考虑声景观与其他环境要素的协调，以及园林内外空间的关系。处理好对外部噪声的有效阻隔，防止园林内部声音对外部社会声环境的波及。因此，分散的声处理模式是良好的解决之道。

第四，电子技术的介入对自然声的仿效。如电子技术模拟的鸟鸣、虫鸣、水声、风声，结合绿色景观，艺术地再现大自然的魅力，引人联想与想象。

实际上，声景观的设计不是物的设计而是理念的设计，是全面综合、积极的设计。声景观的研究以声音为媒体，充实了历来以视觉为主体的景观设计思路，对引导人们更加客观全面的关注自然、提高环保意识具有更深层的意义。

（二）景观空间的嗅觉设计

人的感官是敏感而复杂的，如同声景观一样，嗅觉因素的开发也是景观的重要课题。植物所具有的芳香气息是令人心旷神怡的大自然的赠品。在中国古典园林中，"暗香浮动月黄昏"的诗句所描绘的若有若无的腊梅的芳香让人回味无穷。适当的芳香不但令人愉悦，而且很多芳香因子对人体还有保健作用，如春季的丁香、含笑，夏季的栀子花，秋季的桂花，冬季的腊梅等。

在景观空间中，通过各种感官的增强设计，可以更好的体现环境对人性的细腻关怀，能够全面调动人们的知觉体验，让人们体悟到自然环境与人工自然的无限魅力。

第三章 园林景观设计的色彩应用

第一节 色彩学的基本理论

色彩是物体本身对光线的反射、吸收，再加上环境光线共同作用的结果。它是由于光刺激视觉神经，传到大脑的视觉中枢而引起的一种感觉。因此，色彩不是客观存在的，而是通过光被人眼所感知的。下面就对色彩的基本理论进行简要概述。

一、色彩的种类与基本特性

（一）色彩的种类

色彩一般分为无彩色和有彩色两大类。无彩色是指白、灰、黑等不带颜色的色彩，即反射白光的色彩；有彩色是指红、黄、蓝、绿等带有颜色的色彩。

（二）色彩的基本特性

色相、明度、彩度是人们认识和区别色彩的重要依据，也是色彩最基本的性质，在色彩学上也称为色彩三要素或色彩的三属性。

1. 色相

色相是有彩色的最大特征。所谓色相指的是色彩的相貌，即红、橙、黄等具有不同特征的色彩。

2. 明度

明度指的是色彩的明暗（或明亮）程度。不同色相的色彩之间存在的明度不同。如在色相环中，黄色明度最高，蓝色明度最低。在无彩色中，明度最高的色为白色，明度最低的色为黑色，中间存在一个从亮到暗的灰色系列。在有彩色中，任何一种纯度色都有着自己的明度特征。

3. 彩度

彩度指的是色彩的鲜艳程度，也称纯度、饱和度。具体来说，是表明一种颜色中是否含有白或黑的成分。人们把自然界的色彩分为两类：一类是有彩色，红、黄、蓝、绿等；另一类是无彩色，即黑、白、灰。事实上，自然界的大部分色彩都是介于纯色和无彩色之间的，有不同灰度的有彩色。

二、色彩的视错和情感

（一）色彩的视错

人对色彩的生理反应和由此产生的直接联想主要表现在人们对色彩的错觉和幻觉。不同明度、纯度、色相的色并置在一起，感觉邻接边缘的色彩与原色发生明显差异，这就是色彩的视错性的反应。色彩的视错性还常反映在人们的视觉生理平衡与心理平衡上。人眼在长时间感觉一种色彩后，这种色彩与中性灰色并置时，会立即使处于中性的、无彩色状态的灰色产生一种与该色彩相适应的补色效果，但这并不是色彩本身造成的。事实上，任何两种色相不同的色彩并置时，都会带有对方的补色意味。色彩的视错主要表现在色彩的膨胀与收缩、前进与后退、冷与暖、轻与重以及兴奋与沉静、华丽与质朴等感觉方面。

（二）色彩的情感

色彩的情感具有社会性，在不同的社会背景和文化环境下有着不同的象征意义。对色彩的感受受到年龄、经历、性格、情绪、民族、风俗、地域、环境、修养等多种因素的影响，但也具有普遍性。比如红色被认为是令人激动的、活跃的色彩，它充满刺激性并令人振奋，因为它使人们联想到火、血、革命；绿色唤起人们对自然界的凉爽、清新的感觉；黄色是一种安静和愉快的色彩；蓝色则能使人想到大海，有深沉、宽广的感觉，并且有时会令人产生一种抑郁和悲哀的情绪。

三、色彩的对比

当两种或两种以上的色彩并置时，两种色彩会相互影响，比较其差别及其互相间的关系，即产生对比效果，两种色彩相互排斥，相互衬托。而在现实生活中，色彩都带有一定的对比关系，单独的一种色彩是不存在的，都会依附于环境色彩而存在。色彩的对比关系，在所有的色彩构图或色彩的环境中都是客观存在、不可避免的，只是在表现形式上，有时强一些，有时弱一些，所以掌握色彩的对比规律，对色彩设计非常的重要。

（一）色相的对比

两种以上色彩组合后，由于色相差别而形成的色彩对比效果称为色相对比。它是色彩对比的一个根本方面，其对比强弱程度取决于色相之间在色相环上的距离（角度），距离（角度）越小对比越弱，反之则对比越强。

1. 零度对比

无彩色对比：无彩色对比虽无明显色相区分，但它们的组合在实用方面很有价值。如黑与白、黑与灰、中灰与浅灰，或黑与白与灰、黑与深灰与浅灰等。对比效果感觉大方、庄重、高雅而富有现代感，但也易产生过于素净的单调感。

无彩色与有彩色对比：如黑与红、灰与紫等。对比效果感觉既大方又活泼，无彩色面积大时，偏于高雅、庄重，有彩色面积大时活泼感加强。

同种色相对比：指一种色相的不同明度或不同彩度变化的对比，俗称姐妹色组合。如蓝与浅蓝（蓝+白）色对比，橙与咖啡（橙+灰）或绿与浅绿（绿+白）与墨绿（绿+黑）色等对比。对比效果感觉统一、文静、雅致、含蓄、稳重，但也易产生单调、呆板的弊病。

无彩色与同种色相比如白与深蓝与浅蓝、黑与桔与咖啡色等对比。其效果综合了无彩色与有彩色对比和同种色相对比两种对比类型的优点。对比效果感觉既有一定层次，又显大方、活泼、稳定。

2. 协调对比

邻接色相对比：色相环上相邻的二至三色对比，色相距离大约30度左右，为弱对比类型。如红橙与橙与黄橙色对比等。效果感觉柔和、雅致、文静、和谐，但也易感觉单调、模糊、乏味、无力，还需调节明度差来加强效果。这类组合能体现层次感与空间感，在心理上产生柔和、宁静的高雅感觉，如在大片绿地上点缀造型各异的深绿、浅绿色植物，显得宁静、素雅、明朗。

类似色相对比：色相对比距离约60度左右，为较弱对比类型，如红与黄橙色对比等。效果较丰富、活泼，但又不失统一、雅致、和谐的感觉。在园林中，利用类似色的植物组合，既能体现高低错落的空间感，又能体现深深浅浅的层次感，统一中富于变化，变化中又有统一，易营造柔和、宁静的氛围。在静谧的林荫路旁，在低语窃窃的私密小空间中，都可以利用此类组合，使人们远离城市的喧嚣，在柔和的宁静中让心在安详中徜徉。

中差色相对比：色相对比距离约 90 度左右，为中对比类型，如黄色与绿色对比等，效果明快、活泼、饱满、使人兴奋，感觉有兴趣，对比既有相当力度，又不失协调之感。蓝天、绿地、喷泉即是绿与蓝两种中差色相的配合，但其间的明度差较大，故用色块配置来体现其自然变化，给人以清爽、融合之美感。

3. 强烈对比

（1）对比色相对比

色相对比距离约 120 度左右，为强对比类型，如黄绿与红紫色对比等。效果强烈、醒目、有力、活泼、丰富，容易形成个性很强的视觉效果。但也不易统一而感杂乱、刺激，造成视觉疲劳。一般需要采用多种协调手段来改善对比效果。

（2）补色对比

色相对比距离 180 度，为极端对比类型，如红与蓝绿、黄与蓝紫色对比等。效果强烈、炫目、响亮、极有力，运用得当会更加富于刺激，更彻底地满足人眼视觉平衡的要求。但若处理不当，易产生幼稚、原始、粗俗、不安定、不协调等不良感觉。从古人诗中的"接天莲叶无穷碧，映日荷花别样红"两句，就形象生动地体现出补色对比的妙用。一个"碧"字突出荷叶，一个"红"字突出荷花，红绿相间，色彩鲜明。同时更为巧妙的是，荷叶有蓝天相衬，荷花有红日辉映，放眼望去，荷叶铺满了湖面，和远处的蓝天相接，使人产生碧绿无尽之感。而荷花在早晨红彤彤的阳光映照下，显得更加浓艳，红光四射，特别耀眼。经过色彩的渲染，蓝天、碧叶、红日、荷花，交相辉映，互为衬托，色彩达到了饱和度，产生令人心醉的优美意境和强烈美感。

补色对比在园林设计中使用较多，一般适宜于广场、游园、主要入口和重大的节日场面，能显示出强烈的视觉效果，给人以欢快、热烈的气氛。在一些重要的出入口、道路交叉口、服务点等处也可利用补色醒目、易于识别的效果制作指示牌、服务标识等。

（二）明度的对比

两种以上色相组合后，由于明度不同而形成的色彩对比效果称为明度对比。它是色彩对比的一个重要方面，是决定色彩方案感觉明快、清晰、沉闷、柔和、强烈、朦胧与否的关键。色彩的层次、空间关系主要靠色彩的明度对比来表现。

明度对比取决于色彩在明度等差色级数，通常把 1~3 划为低明度区，4~7 划为中明度区，8~10 划为高明度区。在选择色彩进行组合时，当基调色与对比色间隔距离在 5 级以上时，称为长（强）对比，3~5 级时称为中对比，1~2 级时称为短（弱）对比。据此可划分为十种明度对比基本类型：高长调、高中调、高短调、中长调、中中调、中短调、低长调、低中调、低短调、最长调。如拙政园中建筑墙面为白色，以其为背景，施以深色门框、门楣及墙顶黑瓦，庭院中种植深色花草树木，并置山石小品，其色彩关系构成高长调。在白色墙面的衬托下，景物轮廓更加醒目。每当微风轻拂花木，光影变幻，阳光洒落在墙壁上，形成借壁当纸、花影绘丹青之妙，更增添了几分诗情画意。优美的色彩将园林意境表现得淋漓尽致。

一般来说，高调愉快、活泼、柔软、弱、辉煌、轻；低调朴素、丰富、迟钝、重、雄大、有寂寞感。明度对比较强时光感强，物体形象的清晰程度高、锐利，不容易出现误差。明度对比弱时，不明朗、模糊不清，显得柔和静寂、柔软含混、单薄、晦暗，形象不易看清，效果不好。中国北方民居的明度对比就很有特色，由浅灰色抹墙上部、中灰色砌墙下部，形成浅灰与中灰对比，使灰色的四合院自成一体。北方民居所使用的这两个灰度级，在冬天与北方辽阔的黄土地、在春天与原野上的各种绿色、在夏天与浓绿、在秋天与丰富多彩的秋叶都形成惬意的配合。

（三）彩度的对比

两种以上色彩组合后，由于纯度不同而形成的色彩对比效果称为彩度对比。彩度对比是决定色调感觉华丽、高雅、古朴、粗俗、含蓄与否的关键。其对比强弱程度取决于色彩在彩度等差色标上的距离，距离越长对比越强，反之则对比越弱。

如将灰色至纯鲜色分成 10 个等差级数，通常把 1~3 划为低纯度区，4~7 划为中纯度区，8~10 划为高纯度区。在选择色彩组合时，当基调色与对比色间隔距离在 5 级以上时，称为强对比；3~5 级时称为中对比；1~2 级时称为弱对比。据此可划分出十种纯度对比基本类型：鲜明对比，鲜中对比，鲜弱对比，中强对比，中中对比，中弱对比，灰弱对比，灰中对比，灰强对比，最强对比。

由于彩度倾向和彩度对比的程度不同，一般来说，鲜色调注目，视觉兴趣强，给人的感觉积极、强烈、快乐，在设计中可用于表达娱乐场所等，但易使人疲倦，不能久视；中色调给人的感觉是中庸、文雅、可靠，可用于表达医院等类建筑环境；低色调则较含蓄，视觉兴趣弱，注目程度低，给人干净、明快、简洁的感觉，但易使人感到单调乏味。故园林构图中应注意加入适量的彩度比较高的色相，形成多层次的彩度对比。

中国传统宫殿建筑色彩彩度就很丰富，从最高值的屋顶到地面建筑各部分用色之中，可以看出它的彩度对比由强至弱而产生的效果是如此地富有层次：琉璃屋顶——橙色——阳光下；彩画——蓝色——阴影中。彩度值由高渐低形成的对比有：屋顶、柱、门窗、墙、栏杆、地面，在阳光的照射下反射光，亮度高；檐下彩画在阴影中吸收光，亮度低。蓝绿色在阴影中更能显现出它的光辉，自然形成较深的层次，同时也强化出建筑整体在阳光下的色彩美。

第二节　园林景观要素中色彩的运用

园林景观要素即园林景观中色彩的物质载体，包括山石、水体、植物、建筑、小品、铺装等。园林要素的色彩主要分为两大类，即自然和人工的。自然要素如气候现象、天空、自然山石、水面、植物，其色彩虽不可更改，但造园者可巧妙地利用它们，如著名景点"平湖秋月""雷峰夕照"就是创造者"巧于因借"了自然要素的色彩；人工要素的色彩随着现代造园技艺的提高也不断丰富起来，如建筑、园林小品、景观铺装中的色彩，这些色彩的设计在体现功能的同时，也加强了景观个性的表现。

其中变化无穷的天空的色彩尤为值得一提。天空是园林景观的大背景，也是流动的画面。天空的色彩变化不断，有时是万里无云、渐变的蔚蓝色晴空；有时是蓝天白云的色彩组合；还有的色彩缤纷，呈现蓝、紫、灰、绿、红、橙、黄等，色彩丰富的朝霞、晚霞、彩云、雾霭；也有雨后初霁时，亮丽的七色彩虹挂于天空。所以天空的色彩是变幻莫测的，园林应借景于天空，合理利用天空的自然美景。下面就园林中的植物、建筑和小品要素具体分析其中色彩的运用。

一、植物

园林中的色彩主要来自植物，以绿色为基调，配以色彩艳丽的花、叶、果、干皮等构成了缤纷的园林色彩景观。如早春枝翠叶绿，仲春百花争艳，仲夏叶绿浓荫，深秋丹枫秋菊硕果，寒冬苍松红梅，展现的是一幅幅色彩绚丽多变的四季图，给常年依旧的山石、建筑赋予了生机。园林植物808种色彩及其多样化配置，是创造不同园林意境空间组合的源泉。因此，在园林设计中，应熟悉植物的色彩搭配，达到充分利用植物丰富多变的色彩美来表现园林艺术的目的。

（一）植物的色彩

1. 叶色

大多数植物的叶色为绿色，但通常又有深浅、明暗的差异。还有些树种的叶色会随着季节的变化而变化。

春色叶植物：许多植物在春季展叶时呈现黄绿或嫩红、嫩紫等娇嫩的色彩，在明媚春光的映照下，鲜艳动人，如垂柳、悬铃木等。常绿植物的新叶初展时，或红或黄的新叶覆冠，具有开花般效果，如香樟、石楠、桂花。

秋色叶植物：秋色叶植物一直是园林中表现时序的最主要的素材。秋叶呈红色的很多，如枫香、五角枫、鸡爪槭、茶条槭、黄护、乌桕、盐肤木、柿树、漆树等。部分秋叶呈黄色的植物，如银杏、无患子、鹅掌楸、奕树、水杉等。

常色叶植物：有些园林植物叶色终年为一色，这是近年来园艺植物育种的主要方向之一，常色叶植物可用于图案造型和营造稳定的园林景观。常见的红色叶有红枫、红桑、小叶红、红橙木，紫色叶有紫叶李、紫叶小聚、紫叶桃、紫叶矮樱、紫叶黄护，黄色叶有金叶女贞、金叶小粟等。

斑色叶植物：斑色叶植物是指叶片上具有斑点或条纹，或叶缘呈现异色镶边的植物。如金边黄杨、金心黄杨、洒金东碱珊瑚、金边瑞香、金边女贞、洒金柏、变叶木、金边胡颓子、银边吊兰等。还有如红背桂、银白杨等叶背叶面具有显著不同颜色的双色叶植物，在微风吹拂下色彩变幻，极具意境之美。

色叶树种在园林绿地中可丛植、群植，充分体现群体观赏效果，其中的一些矮灌木在观赏性的草坪花坛中作图案式种植，色彩对比鲜明，装饰效果极强。同时由于秋色叶树种和春色叶树种的季相非常明显，四季色彩交替变化，能够体现出时间上的节奏与韵律美。故园林中应较多合理配植彩叶树丛，使之产生更为复杂的季节韵律，如石楠、金叶女贞、鸡爪槭和罗汉松等配植而成的树丛随着季节变化可发生色彩的韵律变化，春季石楠嫩叶紫红，夏季金叶女贞叶丛金黄，秋季鸡爪槭红叶入醉，冬季罗汉松叶色苍翠。

2. 花色

植物的色彩主要表现在花色上的变化，植物的花色可以说是绚丽多彩、姹紫嫣红。植物花色的合理搭配构成了一幅迷人的图画，它是大自然赐给人类最美的礼物。

万紫千红的植物花色，尤其是草本花卉花色多样，开花时艳丽动人，如粉色的福禄考、八仙花；橙色的金盏菊、万寿菊；红色的一串红；白色的蜘蛛百合、瓜叶菊；黄色的小苍兰、春黄菊；蓝色的葡萄风信子；紫色的薰衣草等，这些都是园林中常用的草花，色彩搭配合理，能够创造出怡人的园林环境。此外，近几年在设计中越来越倾向采用野花来丰富色彩景观，如中国北方常见的红色的红花酢浆草、紫色的紫花地丁、黄色的蒲公英及蛇莓、蓝紫色的白头翁等；北京在奥运绿化中也准备大量使用北京特有的野生花卉，目前列入选择范围的有紫红色的棘豆、黄色的甘野菊、白色及粉色等多种颜色的野鸢尾、粉白色的百里香、红色的小红菊、黄色的黄菊和目前绿化中已有所应用的二月兰等。

先花后叶的木本植物花海般赏心悦目，气氛浓烈，是营造视觉焦点的极好材料。如春季的白玉兰，一树白花，亭亭玉立；夏季的石榴，色红似火；秋季的桂花，色黄如金；严冬的梅花，冰清玉洁。一年中花期最长的是紫薇、月季、棣棠花。紫薇被人称为"百日红"，月季寓意月月季季有花。牡丹、月季、芍药花朵硕大，色彩鲜艳，芳香袭人，具有很高的观赏价值，千百年来经过人工繁育栽培，花的色相也由白、红、黄变成多种复合色，这些花灌木已经成为园林绿地常用的美化装饰材料。

在花卉的色彩设计中可以利用不同花色来创造空间或景观效果，如果把冷色占优势的植物群放在花卉后部，在视觉上有加大花卉深度，增加宽度之感；在狭小的环境中用冷色调花卉组合，有空间扩大感。在平面花色设计上，如有冷暖两色的两丛花，具相同的株形、质地及花序时，由于冷色有收缩感，若想使这两丛花的面积或体积相当，则应适当扩大冷色花的种植面积。

位于荷兰阿姆斯特丹的库肯霍夫花园是欧洲乃至全球最迷人的花园之一，园中以丰富多彩的郁金香闻名。绰约多姿的洋水仙，丰满绚丽的风信子等名花也和郁金香一起，奏响了一曲华丽而欢畅的春之歌，令人心旷神怡。放眼望去，姹紫嫣红的花海，碧绿葱茏的树林，如毡似毯的芳草，微波荡漾的碧水，还有水面上畅游欢鸣的天鹅和水鸭，无不烘托出浓郁而迷人的春日气息。

植物的花色在园林中应用最为广泛，无论是花坛、花镜、还是花池、花丛与花台、花钵，从平面到立体，均以色彩艳丽的花色丰富了园林景观。

（二）植物色彩的表现形式

园林植物色彩表现的形式一般以对比色、邻补色、协调色体现较多。对比色配置的景物能产生对比的艺术效果，给人以强烈、醒目的美感。而邻补色就较为缓和，给人以淡雅的感觉。如上海十大魅力景区之一的大宁灵石公园，以疏林草地式配置，加以色叶树种及点缀于林下的大面积草花，色彩张弛有度，清新自然。协调色一般以红、黄、蓝或橙、绿、紫二次色配合均可获得良好的协调效果。这在园林中应用已经十分广泛。如现代公园花坛、绿地中常用橙黄的金盏菊和紫色的羽衣甘蓝配置，远看色彩热烈鲜艳，近看色彩和谐统一。

园林植物的色彩另一种表现形式就是色块配置，色块的大小可以直接影响对比与协调，色块的集中与分散是最能表现色彩效果的手段，而色块的排列又决定了园林的形式美。如沿路旁布置的花境，粉、红、黄、白色显得明快、简洁、协调。现代园林中由各种不同色彩的观叶植物或花叶兼美的植物所组成的绚丽复杂的图案纹样为主题的模纹花坛不再局限于平面图案，也逐步开始丰富了立体空间的层次感。这些景点成功的植物色彩配置就是科学巧妙地运用了色彩的颜色、色度、层次，给人们一种美的享受。

（三）园林植物色彩景观设计的配色原则

首先，应符合异同整合原则。植物与植物及其周围环境之间在色相、明度以及彩度等方面应注意相异性、秩序性、联系性和主从性等艺术原则。

在园林景观中，植物和其他景观要素如建筑、小品、铺装、水体、山石等一起构成园林景观的大环境，故植物色彩在搭配上应与其周围环境相协调一致。园林中，本身色彩就丰富多变的植物，与周围单色的建筑、小品在色彩、质感、饱和度上既有对比又和谐统一，共同创造了色彩斑斓的园林景观。

其次，任何景观设计都是围绕一定的中心主题展开的，色彩的应用或突出主题，或衬托主景；而不同的主题表达亦要求与其相配的色彩协调出或热闹、或宁静、或温暖祥和、或甜美温馨、或野趣、或田园风光等氛围。

通常在宽阔草坪或是广场等开敞空间，用大色块、浓色调、多色对比处理的花丛、花坛来烘托畅快、明朗的环境气氛；在山谷林间、崎岖小路的封闭空间，用小色块、淡色调、类似色处理的花境来表现幽深、宁静的山林野趣；山地造景，为突出山势，以常绿的松柏为主，银杏、枫香、黄连木、槭树类等色叶树衬托，并在两旁配以花灌木，达到层林叠翠、花好叶美的效果；水边造景，常用淡色调花系植物，结合枝形下垂、轻柔的植物，体现水景之清柔、静幽。

再次，不同的色彩带有不同的感情成分，应充分利用植物色彩来创造园林意境。花红柳绿是春天的象征，枫林叶红似火是美丽的秋景，这些都表达了不同的园林意境。在南京雨花台烈士陵园中常青的松柏，象征革命先烈精神永驻；春花洁白的白玉兰，象征烈士们纯洁品德和高尚情操；枫叶如丹、茶花似血，启示后人珍惜烈士鲜血换来的幸福。西湖景区岳王庙"精忠报国"影壁下的鲜红浓艳的杜鹃，借杜鹃啼血之意表达后人的敬仰与哀思。这些都是利用植物色彩寓情寄意的一种表达。

最后，园林植物景观最有特色的在于其季相变化，因此，熟悉掌握不同的植物的各个季相色彩可以引起流动的色彩音乐。渲染园林色彩，表现园林鲜明的季相特征，是植物特有的观赏功能。掌握不同植物的生态习性、物候变化及观赏特性，组织好植物的时序景观，组成三时有花四时有景的风景构图，以突出园林景观中植物特有的艺术效果。如杭州西湖，早春有苏堤春晓的桃红柳绿，暮春有花港观鱼群芳争艳的牡丹，夏有曲院风荷的出水芙蓉，秋有雷峰夕照丹枫绚丽如霞，冬有孤山红梅傲雪怒放，西湖景区突出了植物时序景观而愈加迷人。

一般来说，在局部景区往往突出一季或两季特色，以采用单一种类或几种植物成片群植的方式为多。为了避免季相不明显时期的偏枯现象，可以用不同花期的树木混合配置、增加常绿树和草本花卉等方法来延长观赏期。如杭州花港观鱼中的牡丹园以牡丹为主，配置红枫、黄杨、紫薇、松树等，牡丹花谢后仍保持良好的景观效果。在掌握植物的季相色彩变化的同时，要尽量以春花秋实为主，并且应多考虑夏季和冬季的色彩，因为它们占据着一年中的大部分时间。总之应做到四季各有特色，避免一季开花，一季萧瑟，偏枯偏荣的现象。

（四）安康城市植物色彩定位

城市植物色彩的配置，主要应服从城市功能的分区，根据城市街区功能的不同，划分城市区域，运用各类植物自然的原生色，突出安康城市特色：

1. 城市行政中心的植物色彩

城市行政中心的色彩，一般应凝重些。植物色彩要统一，通常人们身处绿色氛围，会有安全感，同时能给人以信任感。

2. 城市商业区的植物色彩

商业区色彩应热情活跃些。安康的商业中心区可选用彩叶植物和花色艳丽的观花植物交叉种植，给人以欢乐、热情、愉快之感，活跃街区色彩气氛，体现色彩季相变化，具有很好的欣赏价值。既可以丰富城市景观色彩，延长观赏期，又可以烘托商业街的繁华的特征，起到独特的景观效果。

3. 城区广场、居住区和街头广场、绿地的植物色彩

城区广场、居住区和街头广场、绿地色彩，应幽雅一些。植物配置应兼顾观赏和游

憩，兼顾植物的自然特性与创新造景手段。可在局部景区以一到两种彩叶植物为主调，以常绿树为背景，这样既满足了色相变化，又达到对比和谐效果，显得生动、雅致。居住街区的行道树可栽植成观花植物，四季色彩统一，开花期尤为美观，达到悠闲、雅致的效果。居住区街道的绿带，在以绿色地被做底的前提下交叉配置时令花草，不宜太多，两种为宜，开花期能与行道树的开花期错开，并与行道树共同形成明显的季节变化，且色彩统一，安逸亲切，突出居住区街道特点。

4. 城市教育区的植物色彩

教育区的色彩，应强协调谐、活泼。行道树的配置可选用桂花树和观花植物交叉种植，如桂花和桃树或樱花树等。桂树四季常绿，秋季开花，与观花植物搭配，形成春观花色烂漫，秋闻木犀香轩的色彩艺术境界，绿带的中间带可用常绿灌木与月季交叉种植，两侧带种植成不同品种的时令花卉，每一侧花卉的品种、色彩相同，如菊花和海棠各置一侧，分别为春秋两季开花。春天，海棠的红色与常绿灌木形成对比，互相陪衬，月季花的红色鲜艳芬芳。秋季，菊在百花枯后而荣，柠檬黄色在绿色的衬托下独自妖娆。夏、冬两季呈现绿色，但由于植物品种不同，色彩的明暗程度亦有所区别，不至于单调、平淡。这样的色彩安排，既显活泼，浪漫，又清静、和谐，突出了教育区的环境气氛。

二、建筑

（一）园林建筑风格与色彩

皇家园林的富丽堂皇、江南园林的含蓄雅致主要通过建筑的色彩表现其风格。如北方皇家园林中的建筑色彩都采用暖色，大红柱子、琉璃瓦、彩绘等金碧辉煌，显示帝王的气派，减弱冬季园林的萧条气氛。北京的紫禁城是最具代表性的建筑群体，其鲜明而强烈的总体色彩效果给人以深刻的印象：湛蓝色的天空下成片闪闪发亮的金黄色琉璃瓦屋顶，屋顶下是青绿色调的彩画装饰，屋檐以下是成排的红色立柱和门窗，整座宫殿坐落在白色的汉白玉台基上，台下是深灰色的铺砖地面。这蓝天与黄瓦，青绿彩画与红色的柱子和门窗，白色台基和深灰色地面形成了色彩的强烈对比，给人以极鲜明的色彩感染力，使宫殿呈现出色彩斑斓、金碧辉煌的效果，体现了皇家宫殿的气魄。

而南方的私家园林建筑色彩多用冷色，黑瓦粉黛，栗色柱子等十分素雅，显示文人高雅淡泊的情操，减弱夏季的酷暑感。这种色调不仅易与自然山水、花草、树木等协调，且易于创造出幽雅、宁静的环境气氛。如苏州网师园入口处的半亭为青瓦歇山屋顶，棕色深杨构架，两角高高翘起，一侧与矮墙相连，另一侧为假山，环绕在白粉墙下，被衬托得格外醒目。整体色彩素洁，轮廓线条秀丽，就如一幅水墨画，显得清秀典雅。再如以山林为背景的中山陵建筑群，采用青色琉璃瓦的屋顶，充分显示出庄严、朴实和安详的美。

寺庙园林建筑由于受不同的地理环境和自然环境影响，其建筑体形和色彩上差别很大。如承德山庄外八庙建筑，把殿阁的金顶或群楼上的亭殿突出于主体建筑之上，配以红台、白台和各种色彩艳丽的红、白、绿、墨色的塔，组成气势雄伟、色彩丰富的建筑群体。而镇江的金山寺建筑色彩上则以灰、白、黄为主，显示出安详、宁静的环境氛围。

现代园林建筑色彩受到国外造园特点的影响很大。如北京现代园林中的人定湖公园，设计上吸取了欧洲一些国家台地园式的造园特点，用草地、水景、雕塑、花架、景墙及青色屋顶、白色墙面的建筑，创造了一个色彩明快、节奏鲜明的具有欧洲规则式庭院韵味的园林环境。以建筑风格多样性而闻名遐迩的哈尔滨，不仅融入了折中主义、巴洛克式、新艺术运动式建筑风格，还有欧式、俄罗斯式等多元化的建筑风格。其中的圣·索非亚大教堂深受拜占庭式建筑风格的影响，富丽堂皇、典雅超俗、宏伟壮观，体现了浓郁的俄罗斯风情。教堂采用砖木结构，平面呈十字形，墙体为清水红砖，整个建筑最引人注目的要数中央耸立的巨大而饱满的洋葱头造型的弯顶，青绿色的弯顶与红色墙体对比鲜明，稳重而不失大气。

此外，具有不同性质和功能的建筑，应采用不同的色彩。如疗养院、医院以白色或中性灰色为主调，在心理上给人以整洁、安静之感；礼堂、纪念堂常常用黄色的琉璃瓦来作檐口装饰，在心理上给人以庄严、高贵和永久之感。

（二）建筑的意境与色彩

园林是自然的一个空间境域，与文学、绘画有甚为密切的联系。园林意境寄情于自然景物及其综合关系之中，情生于境而又超出由之所激发的境域事物之外，给感受者以余味或遐想余地。当客观的自然境域与人的主观情意相统一、相激发时，才产生园林意境。

园林建筑着重于意境的创造，寓情于景、情景交融是中国传统的造园特色。园林建筑空间是有形有色、有声有秀的立体空间艺术塑造。色彩性能、色彩效果、色彩规律的运用能更有助于园林建筑环境的意境创造。如色彩的冷暖、浓淡的差别，色彩的感情、联想，色彩的象征作用等，都可给人以各种不同的感受。这些在许多园林建筑艺术意境的创作上都显示了出来。如苏州园林，建筑多为白墙灰瓦，以其为背景，使花、草、树、山、石及建筑小品在白墙衬托下，其轮廓更加醒目。优美的形体及色彩将景物表现得淋漓尽致。

中国园林艺术是自然环境、建筑、诗、画、楹联等多种艺术的综合。建筑中的楹联对于建筑意境的烘托最为直接，也最能体现园林建筑意境。楹联往往与匾额相配，或树立门旁，或悬挂在厅、堂、亭、榭的楹柱上。不但能点缀堂榭，装饰门墙，在园林中往往表达了造园者或园主的思想感情，还可以丰富景观，唤起联想，增加诗情画意，起着画龙点睛的作用，是中国传统园林的一个特色。如苏州拙政园中的"与谁同坐轩"，表达了"与谁同坐？清风、明月、我"的孤芳自赏的思想。苏州沧浪亭取意于《楚辞·渔父》中"沧浪之水清兮，可以灌吾足"，亭上刻有"沧浪亭"的匾额和"清风明月本无价，近水远山皆有情"的楹联。北京陶然亭公园中古朴典雅的浸月亭，表达了"别时茫茫江浸月"的意境。所以匾额楹联，特别是名联、名匾，不但为景观添色，而且发人深思。

中国园林建筑的意境之所以被人们推崇，就在于它可以使游览者"胸罗宇宙，思接千古"，从有限的时间空间进入无限的时间空间，从而引发一种带有哲理性的人生感、历史感。

（三）园林建筑的构图与色彩

园林建筑环境中的色彩除涉及房屋本身的材料色彩外，还包括植物、山石、水体等自然景物的色彩。它具有冷暖、浓淡、轻重、进退、华丽和朴素等区分。色彩对比与色彩协调运用得好，可获得良好构图效果。如北海公园的白塔为整个园林中的至高点，附属寺院建筑沿坡布置，高大的塔身选用纯白色，与寺院建筑群体，在色彩上形成了强烈的对比。并且白塔的白色与远处的金碧辉煌的故宫形成烘托，使特征更为突出，在青山、碧水、蓝天的衬托下，气势极其壮丽，在色彩构图上形成主次、明暗、浓淡，对比适宜，使空间环境富有节奏感。同样是白塔，而在扬州瘦西湖中仅是钓鱼台构图的巧妙一笔，台上重檐方亭有两圆门，分别引入瘦西湖中两个有代表性的主体建筑——五亭桥和白塔，远处白色的塔、近处黄色亭顶而又形似莲花的五座亭子，二者既相互映衬，同时又都被借入钓鱼台的景色之中。整体上看，造型别致，色彩壮观典雅。

在园林建筑造景时，为突出建筑物的空间形体，所用的色彩最好选用与山石、植物等具有鲜明对比的色彩。也可以山林、草地为背景，使建筑小品、石景、植物等与背景色形成对比，组成各种构图效果。如苏州留园冠云峰，用冠云楼的深色门窗、屋顶和树木衬托出石峰优美的轮廓。

园林建筑环境中的围墙，常用来分割空间，以丰富景致层次，引导和分割游览路线，所以它是空间构图的一项重要手法。围墙面的色彩不同可产生不同的艺术效果。白墙明朗而典雅，与漏花窗、景窗组合更显活泼、轻快，特别是与植物等组景，色彩更加明快。灰墙色调柔和雅静，如云似雾，冥冥中好像没有墙壁，扩大了空间感，用来衬托山石植物，可给人以幽雅感。

此外，人与建筑的距离及观察角度的不同，对色彩的表现效果也会产生不同程度的影响。同样色彩的建筑，当近距离和远距离观看时，色调、明度和彩度都有明显的变化。远处的色彩会由于大气的影响趋向冷色调，明度和彩度也随之向灰调靠近。建筑色彩的差异还具有区分作用，如区分功能区、区分部位、区分材料、区分结构等。在园林环境中，建筑同时具有背景和图形的双重性，如一栋建筑在某种景观范围内是图形，在另一种景观范围内则是背景。

色彩存在于一个大环境中，它不可能孤立存在，所以在研究建筑色彩时，必须从整体出发，综合考虑诸多环境因素的影响，首先注重统一性，再强调个性，这样才能设计出与环境相协调的建筑色彩。现代园林建筑虽已突破传统色彩的束缚，在色相上化繁为简，在饱和度上变深为浅，在亮度上以明代暗，建筑用色除了考虑建筑本身的性质、环境和景观三者的要求之外，还应在用色上别出心裁，这样才能有所创新，不落俗套。

三、小品

园林小品是指园林中供休息、装饰、照明、展示和为园林管理及方便游人之用的小型服务设施。一般没有内部空间，体量小巧，功能简单，造型别致，富有特色，并讲究适得其所。小品在园林中既能美化环境，丰富园趣，为游人提供文化休息和公共活动的方便，又能使游人从中获得美的感受和良好的教益。它具有艺术性、时代感，并将功能性和美观性相结合，起着点缀园林环境、活跃景色、烘托气氛、加深意境的作用。每一种小品都有其独特的颜色，而色彩的应用并非易事，这需要设计者了解小品自身的功能、小品所处的环境、景观的主题思想、游人的心理等。色彩与小品的恰当相融能增添小品自身的观赏性，并可以为环境增添视觉亮点。现代园林小品形式多种多样，根据园林小品服务于人的功能，将其分为以下几类：

（一）装饰性园林小品

装饰性园林小品在园林中主要起点缀作用，可丰富园林景观，同时也有引导、分隔空间和突出主题的作用，它包括各种固定的和可移动的花钵、饰瓶，装饰性的日晷、香炉、水缸，各种景墙、景窗及雕塑等。如北海公园中以七色琉璃砖镶砌而成的九龙壁，它不但起到分隔空间的作用，同时还通过壁两面的九条蟠龙来突出整个园子气势雄劲的主题。装饰性小品在园林中应用非常广泛，其色彩的选择除与小品本身表达的主题内容有关外，还应与环境背景的色彩密切相关，充分利用对比色与相近色的处理。以雕塑为例，一般白色的雕塑应以绿色的植物为背景，形成鲜明的对比；而古铜色的雕塑一般以蓝色为背景。

（二）供休息的园林小品

供休息的园林小品包括各种造型的园椅、凳、桌和遮阳的伞、罩等。常结合环境，用自然块石或用混凝土作成仿石、仿树墩的凳、桌；或利用花坛、花台边缘的矮墙和地下通气孔道来作椅、凳等；围绕大树基部设椅凳，既可休息，又能纳荫。其位置、大小、色彩、质地应与整个环境协调统一，形成独具特色的景观环境，特别是休憩性广场上的园林小品更应体现轻松、恬静、温馨、活泼浪漫的环境气氛。以园椅为例，其作用是为人们提供歇脚的休息场所，其主要目的是抚平人们的劳累或提供一个聊天的空间，因此应采用古朴的自然色彩，如木材的本色或石材的色泽。如拙政园中与花台相结合的座椅，除为游人提供休息之外，还有很高的观赏性，其材料的颜色、质感和绿叶黄花也能够很好地协调。若采用大红大绿的色彩，恐怕不仅不能让人喘过气来，反而更觉心烦意躁。但如果是在儿童游乐场所，那又另当别论。

（三）灯光照明小品

灯光照明小品主要包括园林中的路灯、庭院灯、灯笼、地灯、投射灯等，灯光照明小品具有实用性的照明功能，同时本身的观赏性也有很强的装饰作用。其造型、色彩、质感、外观应与整个园林环境的大氛围相协调。灯光照明小品主要是为了园林中的夜景效果而设置的，突出其重点区域。如上海的世纪大道两旁的路灯，其造型的外观、色彩、质感都很好地与道路两旁的景观相协调，体现了时代感，很有象征意义。

以园灯为例，通常可分为三类：第一类纯属引导性的照明用灯，使人循灯光指引的方向进行游览。因而在设置此种照明灯时应注意灯与灯之间的连续性；第二类是组景用的，如在广场、建筑、花坛、水池、喷泉、瀑布以及雕塑等周围照明，特别用彩色灯光加以辅助，则使景观比白昼更加瑰丽；第三类是特色照明。此类园灯并不在乎有多大照明度，而在于创造某种特定气氛。如中国传统庭园和日本庭园中的石灯笼，尤其是日本庭园中的石灯笼，在园林设计中非常常见，已成为日本庭园的重要标志。

园灯的造型灵活多变、不拘一格，凡有一定功能且符合园林风格和装饰性的均可采用。除具有特殊要求的灯具外，一般园林灯的造型应格调一致，避免五花八门的造型所产生的凌乱感。

在现代园林中常采用地灯布景，地灯通常很隐蔽，只能看到所照之景物。此类灯多设在蹬道石阶旁、盛开的鲜花旁及草地中，也有用在游步道上的，总之安排十分巧妙。

第三节　园林色彩景观设计的影响因素

一、光的影响

（一）自然光的影响

光色并存，有光才有色。色彩感觉离不开光。色彩从根本上说是光的一种表现形式。光一般指能引起视觉反应的电磁波，即所谓"可见光"。在这个范围内，不同波长的光可以引起人眼不同的颜色感觉，因此，不同的光源便有不同的颜色；而受光体则根据对光的吸收和反射能力呈现出千差万别的颜色。

太阳是一切光的来源，而光是一切色彩的来源。不同的钟点和季节以及不同的地理位置接受光线的差异，使大自然及人为环境中的色彩变化无穷。晴天时，太阳光线一般是极浅的黄色，早上日出后 2 小时显橙黄色，日落前 2 小时显橙红色，园林各景观要素在朝霞和夕阳映照下色彩绚丽是一天中最富表情的时刻。而月光妩媚清丽，是阴柔之美的典型。圆月给人以完美团圆的联想，上、下弦月令人想起与月形相似的弓。月光清亮而不艳丽，使人境与心得，理与心合，淡寂幽远，清美恬悦。宇宙的本体与人的心性自然融贯，实景中流动着清虚的意味，因此月光是追求宁静境界园林的最好配景。苏州网师园的"月到风来亭"，是以赏月为主题的景点。当月挂苍穹，天上之月与水中之月映入亭内设置的镜中，三月共辉，赏心悦目。而被誉为"西湖第一胜境"的赏月胜地"三潭印月"，每到中秋月夜，放明烛于塔内，灯光外透，宛如 15 个小月亮。此时，月光、灯光、湖光交相辉映，夜景十分迷人。

在光源的照射下，同样色彩的物体表面，由于受光条件不同也会呈现不同的色彩，使得物体的受光面、背光面及阴影面色彩有很大的差别。

（二）人工光的影响

人工的光线颜色是可以人为的控制和设定的，人工照明在现代园林设计中起着举足轻重的作用。尤其是在夜间，投光照明能够发挥其独特的光学效果，使园林景观在光照下不再以白天的面貌重复出现，而是展露出新颖别致的夜景。

白天，园林景观是在阳光照射下形成的。夜晚，园林景观则要由精心布置的照明来呈现。有了自然的月光，再加上人工控制的不同光源，园景更为多情。近处灯光照耀下的花卉、树丛、人影、地面纹样，和远处的建筑、林冠天际线，所形成可见的园林空间的景观和范围，与白天不同。照明本身对园景的形成也有很大影响。强烈、多彩的灯光会使整个环境热烈活泼起来，局部而又柔和的照明又会使人感到亲切而富有私密感，暖色光使人感到和睦温暖，冷色光使人清静生畏。

灯光设计是园林景观设计中不可缺少的部分，其不仅增加和延伸了园林景观的审美时空，亦可反映景观审美的三维多变性。而灯光设计中，对灯光色彩的应用又尤为重要，特别是渲染气氛和效果的金卤灯、彩卤灯、地埋灯和水景灯，光源的亮度和色彩直接影响园林景观的效果。一般金卤灯（黄色光源）、彩卤灯（红、蓝、紫等光源）常用于景观中的建筑、雕塑和假山等方面，以强调园林景观的文化主体；地埋灯常用于主景植物和植物造景的小品，但在此环境中忌用黄色光源，因黄色光照射在绿色的树叶上，树叶变成褚黄色或土黄，似乎已是"死树"，不符合人们审美的心理需求，用绿色光源为最佳；水景灯的多种色彩的光源，常用于喷泉和有水景的园林景观小品中，其还可用音控、LED等技术，设计建造出多彩的灯光，使园林景观设计更加完善深入，更大限度地满足大众的审美需求。

（三）光影的影响

影分两类：一是物质受光后在地面的投影；二是水中的倒影。随着日出日落、晨昏更替，大自然的光影不断变换，从而形成了园林景观的朝暮变化。日出而林霏开，日落而林渐静。早晚光影斜投，长长的树影映落水面，在碧波之中，斑驳陆离，优美动人。苏州拙政园中的塔影亭，取自"径接河源润，庭容塔影凉"的诗意。亭建于池心，为橘红色八角亭，亭影倒映水中似塔。蔚蓝色的天空，明丽的日光，荡漾的绿波，鲜嫩的萍藻和红色的塔影组合成一幅美丽的画面，给人以美的享受，同时也丰富了园景。此外，光影对建筑色彩造型的影响更加具有趣味性。光影不仅在建筑受光面增加了明暗对比的效果，同时光影的形状还增加了立面的丰富感。一些建筑师对落影进行精心设计，创造出奇妙多姿的阴影造型。如扬州片石山房假山丘壑中的"人工造月"堪称一绝，光线透过留洞，映入水中，宛如明月倒影。全园水趣盎然，池水盈盈。

在中国古典园林中，早已利用不同色彩的石片、卵石等按不同方向排列，使其在阳光照射下，产生富有变化的阴影，使纹样更加突出。在现代的园林中，多用混凝土砖铺地，为了增加路面的装饰性，将砖的表面做成不同方向的条纹，同样能产生很好的光影效果，使原来单一的路面，变得既朴素又丰富。

总之，了解光对色彩的影响规律，就可利用自然界中表现生动的、千变万化的物象色彩给园林景观增添魅力。

二、色彩的知觉效应

（一）色彩的冷暖感

色彩本身并无冷暖的温度差别，是视觉色彩引起人们对冷暖感觉的心理联想。暖色主要指红、黄、橙三色以及这三色的邻近色。暖色系的色彩感觉比较跳跃，是园林设计中比较常用的色彩。暖色有平衡心理温度的作用，因此在冬季或寒冷地带的春秋季，宜采用暖色的花卉，可打破寒冷的萧索，渲染热烈的氛围，使人感觉温暖。暖色不宜在高速公路两边及街道的分车带中大面积使用，以免分散司机和行人的注力，增加事故率。

冷色的色彩中主要是指青、蓝及其邻近的色彩。在园林设计中，特别是花卉组合方面，冷色也常常与白色和适量的暖色搭配，能产生明朗、欢快的气氛。如在夏季青色花卉不足的条件下，可以混植大量的白色花卉，仍然不失冷感。一般在较大广场中的草坪、花坛等处应用较多。冷色在心理上有降低温度的感觉，在炎热的夏季和气温较高的南方，采用冷色会给人产生凉爽的感觉。江南著名的水乡古镇——周庄，以冷色系为主，在自然的水环境的映衬下，柔和的、灵动的水系与静静的建筑形成了对比，古镇民居以白墙灰瓦的建筑色彩使建筑与河水色协调谐统一，淋漓尽致地表现了原汁原味、令人陶醉的江南水乡风情。此外，在尚未冷凉的春秋季节，青色的花卉应与其补色如橙色系花卉混合栽植，可以降低冷感，而变为温暖的色调。

（二）色彩的轻重感

这主要与色彩的明度有关。明度高的色彩使人联想到白云、雪花等，产生轻柔、飘浮、上升、敏捷、灵活等感觉。明度低的色彩易使人联想钢铁、大理石等物品，产生沉重、稳定、降落等感觉。通常情况下，同类色和类似色之间亮色的感觉更轻。比如黑暗的房屋令人感到厚重，而明亮的房屋却显得轻盈。从色相方面讲，暖色系如黄、橙、红给人的感觉轻；冷色系如蓝、蓝绿、蓝紫给人的感觉重。以色相分轻重的次序排列为：白、黄、橙、红、灰、绿、黑、紫、蓝。物体的质感也会影响轻重感的判断，有光泽、质地细密、坚硬的物体给人以重感；而表面结构松软、有孔隙的物体给人以轻感。在园林中，建筑物基部一般为暗色，其基础栽植也宜选用色彩浓重的植物，如深绿的冷杉、落叶松等，以增强建筑的稳定感。

（三）色彩的软硬感

其感觉主要也来自色彩的明度，但与纯度亦有一定的关系。一般来说，无彩色给人坚硬之感，灰色则会产生柔软之感；明度高、纯度低的色彩柔软，如粉红、天蓝；中纯度的色也呈柔感，因为它们易使人联想起动物的皮毛，还有毛呢、绒织物等；明度低、纯度高的色彩都呈硬感，如大红、湖蓝。色彩的软硬感与轻重感紧密相关，感觉轻的色彩给人以软而膨胀的感觉，与此相反，感觉重的色彩则会给人硬而收缩的感觉。在园林中，色彩的软硬感应与轻重感应紧密结合，创造符合特定意境的园林空间，如拙政园一角的配置体现了色彩的柔软感。

（四）色彩的膨胀与收缩感

由于色彩有前后的感觉，因而暖色、高明度色有扩大、膨胀感，冷色、低明度色有显小、收缩感。色的胀缩感也是一种错觉。如果将具有膨胀感的色和具有收缩感的色并置时，由于对比作用，会使色彩的视错现象加强。在青枫绿屿中远景松树苍翠，近景槭树绯红，色彩对比明显，使得红色更红，翠色更翠；近景暖色，膨胀、扩展、前进，远景冷色，收缩、内敛、后退，对比中更显出景色深远。暖色膨胀而给人的亲切感用于园林中的小品和服务设施中，在心理上使人容易和愿意接近。在面积上冷色有收缩感，同等面积的色块，在视觉上冷色比暖色面积感觉要小，在园林设计中，要使冷色与暖色获得面积同大的感觉，就必须使冷色面积略大于暖色。

（五）色彩的活泼与庄重感

暖色、高纯度色、强对比色感觉跳跃、活泼有朝气，冷色、低纯度色、低明度色感觉庄重、严肃。

暖色能烘托和渲染热烈、欢快氛围，在园林设计中多用于节假日的花坛、儿童娱乐场所及一些庆典场面，如广场花坛及主要入口和门厅等环境，给人朝气蓬勃的欢快感。而纪念性建筑及场所多利用冷色所特有的宁静和庄严，烘托和增加庄严肃穆的氛围。如傍山而筑的中山陵园，整个建筑群屋面以青灰色为主，从入口拾级而上，远看青灰色与白色构成的建筑，配以两边深绿色的雪松，整体上气势宏伟而又庄严肃穆。

（六）色彩的前进与后退感

由各种不同波长的色彩在人眼视网膜上的成像有前后，红、橙等光波长的色在后面成像，感觉比较迫近，蓝、紫等光波短的色则在外侧成像，在同样距离内感觉就比较后退。实际上这是视错觉的一种现象，一般暖色、纯色、高明度色、强烈对比色、大面积色、集中色等有前进感觉。相反，冷色、浊色、低明度色、弱对比色、小面积色、分散色等有后退感觉。如同样面积的红与绿色并置，红色有接近观赏者的感觉，有前进感；若在大面积的红底上涂一小块绿色，则绿有前进感，而红色有远离之感。园林中可用色彩的距离感来加强景观的层次，如作背景的树木宜选用灰绿色或蓝灰色植物雪松、毛白杨，而前景可用红枫、红叶李等，从而拉开景观层次。而对一些空间较小的环境边缘，可采用冷色或倾向于冷色的植物，能增加空间的深远感。在小庭院空间中用冷色系植物或纯度小、体量小、质感细腻的植物，以削弱空间的挤塞感。

三、配色艺术

（一）同类色相配色

相同色相的颜色，主要靠明度的深浅变化来构成色彩搭配，使人感到稳定、柔和、统一、幽雅、朴素。园林空间是多色彩构成的，不存在单色的园林，但不同的

（二）邻近色相配色

在色环上色距很近的颜色相配，得到类似且协调的颜色，如红与橙、黄与绿。一般情况下，大部分邻近色的配色效果，都给人以甘美、清雅、和谐的享受，很容易产生浪漫、柔和、唯美、共鸣和文质彬彬的视觉感受，如花卉中的半枝莲，在盛花期有红、洋红、

黄、金黄、金红以及白色等花色，异常艳丽，却又十分协调。观叶植物叶色变化丰富，多为邻近色，利用其深浅明暗的色调，可以组成细致协调有深厚意境的景观。在园林中邻近色的处理应用是大量的，富于变化的，能使不同环境之间的色彩自然过渡，容易取得协调生动的景观效果。

（三）对比色相配色

红花还要绿叶扶。对比色相颜色差异大，能产生强烈的对比，使环境易形成明显、活跃、华丽、明朗、爽快的情感效果，强调了环境的表现力和动态感。如果对比色都属于高纯度的颜色，对比会非常强烈，显得刺眼、眩目，使人有不舒服、不协调的感觉，因而在园林中应用不多。较多地是选用邻补色对比，用明度和纯度加以协调，缓解其强烈的冲突。在对比有主次之分的情况下，对比色能协调在同一个园林空间，如万绿丛中一点红，就比相等面积的绿或红更能给人以美感。对比色的处理在植物配置中最典型的例子是桃红柳绿、绿叶红花，能取得明快的春花烂漫的对比效果。对比色也常用于要求提高游人注意力和给游人以深刻印象的场合。有时为了强调重点，运用对比色，主次明显，效果显著。

（四）多色相配色

园林是多彩的世界，多色相配色景观中用得比较广泛。多色处理的典型是色块的镶嵌应用，即以大小不同的色块镶嵌起来，如暗绿色的密林、黄绿色的草坪、闪光的水面、金黄色的花地和红白相间的花坛等组织在一起。利用植物不同的色彩镶嵌在草坪上、护坡上、花坛中都能起到良好的效果。

第四章 园林水景设计

第一节 园林水景的概述

水是生命的源泉，是一切生命有机体赖以生存之本。中国传统园林历来崇尚自然山水，并受传统哲学思想影响，认为水是园林之血脉，是园林空间艺术创作的重要元素。水不仅构成多种格局的园林景观，更是让园林因水而充满生机和灵性。水池、湖泊、溪流、瀑布、跌水、喷泉等都是园林中常见的水景设计形式，它们静中有动，寂中有声，以少胜多渲染着园林气氛。园林水景工程是园林工程中与理水有关的工程的总称，本节主要对园林水景进行概述。

一、水的基本特征

水是无色、无味的液体，本身无固定的形状，其形状由容器的形状决定。不同大小、形状、色彩和质地的容器，形成形态各异的水景。在园林中进行湖、水池、溪流等水景设计，实质上是对它们的底面（池底）和岸线（池壁）进行设计，如通过溪流底部高差的设计，便可产生不同流动效果的水流。因此说，水景设计本质上是对"盛水容器"进行设计。

（一）动态

水受到盛水容器形状的影响以及重力、风力、压力等外力作用形成各种动态，或静止，或缓流，或奔腾，或坠落，或喷涌。静态的水宁静安谧，能形象地倒映出周围环境的景色，给人以轻松、温和的享受；动态的水灵动而具有活力，令人兴奋和激动。动态水景是景观中的构图重心、视线的焦点，有着引人注目的效果。

（二）色彩

水是无色的透明液体，因其存在于特定的景观环境中，受容器、阳光、周围景物、照明等介质影响，呈现出环境赋予它的各种各样的颜色。水受环境影响表现的色彩使水景与周围的环境很好地融合。

（三）声响

水流动、落下或撞击障碍物时都会发出声响，改变水的流量及流动方式，可以获得多种多样的音响效果，同时水声可直接影响人的情绪，能使人平静、温和，也可使人激动、兴奋。

（四）光影

在光线的作用下，水可以通过倒影反映出周围的景物，并随着环境的变化而改变影像。当水面静止时，反映的景物清晰鲜明；当水面被微风拂过，荡起涟漪时，原本清晰的影像即刻破碎化为斑驳色彩。如同抽象派绘画一样，现代水景与照明结合，使水的光影特征表现得淋漓尽致。

二、园林水景的基本表现

水景在园林景观中表现的形式多样。一般根据水的形态分类，园林水景有以下几种类型：

（一）静水

园林中以片状汇聚水面的水景形式，如湖、池等。其特点是宁静、祥和、明朗。园林中静水主要起到净化环境、划分空间、丰富环境色彩、增加环境气氛的作用。

（二）流水

被限制在特定渠道中的带状流动水系，如溪流、河流等，具有动态效果，并因流量、流速、水深的变化而产生丰富的景观效果，园林中流水通常有组织水系、景点，联系园林空间，聚焦视线的作用。

（三）落水

落水指水流从高处跌落而产生的变化的水量形式，以高处落下的水幕、声响取胜。落水受跌落高差、落水口的形状影响而产生多种多样的跌落方式，如瀑布、壁落等。

（四）压力水

水受压力作用，以一定的方式、角度喷出后形成的水姿，如喷泉。压力水往往表现较强的张力与气势，在现代园林中常布置于广场或与雕塑组合。

三、水景在园林中的作用

（一）景观作用

水是园林的灵魂，水景的运用使园林景观充满生机。由于水的千变万化，在组景中常用于借水之声、形、色以及利用水与其他景观要素的对比、衬托和协调，构建出不同的富有个性化的园林景观，在整体景观营造中，水景具有以下作用：

1. 基底作用

大面积的水面视野开阔、坦荡，能衬托出岸畔和水中景观。即使水面不大，但水面在整个空间中仍有面的感觉时，水面仍可作为岸畔和水中景观的基面，产生岸畔和景观的倒影，扩大和丰富空间。

2. 系带作用

水面具有将不同的园林空间、景点连接起来产生整体感的作用，通过河流、小溪等使景点联系起来称为线形系带作用，而通过湖泊池塘的岸边联系景点的作用则称之为面形系带作用。

3. 焦点作用

水景中喷泉、跌落的瀑布等动态形式的水的形态和声响能引起人们的注意，吸引人们的视线。此类水景通常安排在景观向心空间的焦点、轴线的交点、空间醒目处或视线容易集中的地方，以突出其焦点作用。

（二）生态作用

水是地球万物赖以生存的根本，水为各种动植物提供了栖息、生长、繁衍的条件，维持水体及其周边环境的生态平衡，对城市区域生态环境的维持和改造起到了重要的作用。

（三）休闲娱乐作用

人类本能地喜爱水，接近、触摸水都会感到舒心愉快。在水上还能开展多项娱乐活动，如划船、游泳、垂钓等。因此，在现代景观中，水是人们消遣娱乐的一种载体，可以带给人们无穷的乐趣。

（四）蓄水、灌溉及防灾作用

园林水景中，大面积的水体可以在雨季起到蓄积雨水的作用。特别是在暴雨来临、山洪暴发时，要求及时排除或蓄积洪水，防止洪水泛滥成灾。到了缺水的季节再将所蓄之水有计划地分配使用，可以有效节约城市用水。

四、景观水设计的基本原则

（一）功能性原则

园林水景的基本功能是供人观赏，它必须是能够给人带来美感，使人赏心悦目的。水景也有戏水、娱乐的功能。随着水景在住宅领域的应用，人们已不仅满足观赏水景要求，更需要的是亲水、戏水的感受，因此出现了各种戏水池、旱喷泉、涉水小溪、儿童戏水泳池等，从而使景观水体与戏水娱乐水体合二为一，丰富了景观的使用功能。

水景还有调节水气候的功能。小溪、人工湖、各种喷泉都有降尘净化空气、调节湿度的作用，尤其是能明显增加环境中的负氧离子浓度，使人感到心情舒畅，具有一定的保健作用。

（二）整体性原则

水景是工程技术与艺术设计结合的作品。一个好的水景作品，必须要根据它所处的环境氛围要求进行设计，要研究环境的要求，从而确定水景的形式、形态、平面及立体尺度，实现与环境相协调，形成和谐的量、度关系，构成主景、辅景、近景、远景的丰富变化。

（三）艺术性原则

水景的创作应满足艺术性要求，不同形式的水景表达的园林意境有自然美和人工美。

美国造园学家格兰特提出飘积理论，认为自然力具有飘积作用，流水作为一种自然力，也具有这种飘积作用，所以河道弯曲、河岸蜿蜒而具有流畅的自然线势，这是自然美的极致。水景设计的艺术性就是要深入理解水的本质、水的艺术形式等。

（四）经济性原则

水景设计不仅要考虑功能性、艺术性要求，同时也要考虑水景运行的成本，不同的景观水体、不同的造型、不同的水势形成的水景，其运行的经济性是不同的。如循环水系统可节约用水；利用地势和自然水系不仅可节约水，还可节约动力能源。在当前节约型社会的发展背景下，水景设计的经济性是衡量水景设计的一个重要指标。

五、水景设计的要点

进行水景设计时，应该注意以下几点：

（一）明确水景的功能要求

水景除了作为观赏之外，还有其他相应的功能作用，如提供活动场所，为植物生长提供条件，蓄水、防火、防旱等。设计时，必须根据景观特点和功能要求，确定相应的水面面积大小，水的深度，配置相应的水质、水量的控制设施，以确保水的安全使用与生物生长条件。

（二）合理安排水的去向与使用

地面排水应尽量采用向水景容水区排放的方法，水景的水尽可能循环使用，也可以根据地形地貌的特点，经济地组织水流的流向和再生使用。

（三）做好防水层、防潮层的设计处理

有些水景观，会发生有害的污水、漏水、透水现象，甚至危及邻近的建筑、设施。为此。必须充分估计这种危害性，在设计中必须采用相应的构造措施，以防止各种有害现象的发生。

（四）妥善处理管线

在水景设计中，往往因水的供给、排除和处理，出现各种管线。必须正确设置这些管

线，合理安置位置，尽量采取隐蔽处理，以营造较好的景观形象。

（五）注意冬季的结冰现象

在寒冷的地区，设计时应考虑冬季中水结冰的问题，采取相应的措施。例如大水面结冰后作为公共娱乐活动场所，应设置保护措施；为了防止水管被冻裂而将水放空，还应考虑池底的装饰铺地构造做法。

（六）可以采用水景照明的措施

使用灯光照明，尤其是动态水景的照明，可以在夜间获得很有特色的景观效果。

六、水景设计的步骤与工作内容

（一）明确规划规定与设计要求

通过园林规划设计文件、设计任务书、建造方的介绍，明确园林规划中对水景设计的原则规定，了解设计任务书的具体要求，了解园林建造方的意图。

（二）实地调查

通过对建造地的实地踏勘调查，了解地形的现状、水系山系的布局情况、地物的分布情况。必要时应该进行测绘工作。

（三）方案的设计

根据所了解到的实际情况和规划的规定、设计任务书的要求、建造方的意图，对照相应的设计规范与地方政策规定，进行艺术构思，进行方案设计。

根据水源的供给情况和水景的规划规定，选择水景的平面布局形式、水景的类型及相应的水面面积大小，确定水景在各个景点中的特色定位，然后确定相应的园路系统，配置有关的其他构景要素。

根据方案设计的构思，绘制相应的平面图、效果图等图样，编写设计说明与概算书，必要时应制作相应的模型。

设计方案应送交有关部门和人员审核评估。

对于大型的或主要的水景工程，还应进行技术设计，以深化和扩大方案初步设计的内容。

（四）施工图设计

经评价批准或经修改核准后的设计方案，才可以进行施工图设计。

施工图设计主要是绘制或编制施工用的设计图样和设计文件，所以必须正确、详细，必须让有关施工人员看得懂和做得出。

施工图样有平面布置图、剖面图、节点详图、套用的标准图。对于难以用图样表达的设计内容，可以借助于模型来表示。

第二节　静水的设计

静水是指园林中成片汇集的水平面，它常以湖、塘、池等形式出现。静水具有安静祥和的特点，它能反映出周围景物的倒影，而倒影又赋予静水以特殊的景观，给人丰富的联想。在色彩上，静水可以映射周围环境的季相变化；在风吹动下，静水产生波纹或层层的浪花；在光线下，除产生倒影之外，还可形成逆光、反射等光形变化，都会使波光色彩缤纷，给庭园或其他景物带来无限的光韵和动感。

一、静水的造景应用原则

（一）规则式静水

规则式静水一般采用水池的形式，规则式水池一般设在台地之中，常用人工开凿。多作主量处理，多应用于规则式庭园、城市广场及建筑物的外环境修饰中。水池的位置设置于建筑主立面前方，或广场与庭园的中心，作为主要视线中的一个重要景物。

水池的面积应与所处的环境相协调，其长与宽一般依物体大小及映射的大小决定。水深映射效果较好。同时可养殖观赏鱼类，以增加水的观赏趣味，并起到防止蚊虫的作用。浅水池底可设图案或特别材料式样来表现一定的视觉趣味。水池的水面或高于地面或低于地面，由景观需要而定。在有霜冻冰冻地区，池底面不应高于地面，应处于地面以下。

水池的水体应有正常的水源，以确保水池中有一定存水。水池应设相应的净化措施。底部应设排污管，壁上部设泄水管，则可清洗水池和限定水位。

池的四周可以人工铺装，也可以布置绿地植物，地面略向池的一侧倾斜，可获得较好的美观形象。

（二）自然式静水

自然式静水是一种模仿自然的造景手段，强调水际线的变化，有一种天然野趣的意味。按其面积的大小，习惯上称为湖、塘、池、潭等。

自然式静水以其不规则的形状，使景观空间产生一种轻松悠闲的感觉，适合自然式庭园或乡野风格的景区置景。自然式静水一般多为改造原有的自然水体，采用泥土、山石或植物收边。人造自然式静水，尤其是水池，应将水泥或堆砌痕迹遮隐，突出天然的趣味。在设计中应多模仿自然湖海，岸边的构筑、植物的配置、附属景物的运用，务必求得自然的韵味。

自然式静水的形状、大小、构筑材料的方法，因所处的地势、地质、水源及使用要求等不同而有很大的差别。如用作划船，则以每只游船所需 $80 \sim 85 \ m^2$ 计算水面面积；用作滑冰，则以每人拥有 $3 \sim 5 m^2$ 水面计算。

园林湖池的水深一般不为均一水平，底部常呈锅底状。距设有栏杆的岸边、桥边近 $1600 \sim 2000 \ mm$ 的带状范围内，要设计安全水深，即水深不超过 $700 \ mm$。在湖的中部及其他部分，水深可控制在 $1200 \sim 1600 \ mm$。对于庭园中的观赏水池，水深设计为 $700 \ mm$ 左右，可在其中栽植水生植物，或饲养观赏鱼，或水中置石设泉设瀑等。

自然式静水一般使用天然水源注水，并应做好防污水入侵和多余水量的排泄措施，以保证较好的水质和稳定的水位。

自然式静水做游泳或溜冰，或相应的休息、眺望、活动等场所与设施时，在设计中应一起考虑，以便同时建造和配置。

为避免静水平面的平坦过渡而显单调，可在水面的适当位置设置小岛，并在岛上植树设亭建榭，或在水边建榭造舫置小品，以丰富水面的观赏内容。

二、水池

（一）水池概述

水池在园林中的用途广泛，可用于广场中心、道路尽端，也可以和亭、廊、花架等建筑、小品组合形成富于变化的各种景观效果。常见的喷水池、观鱼池及水生植物种植池等都属于这种水体类型，水池平面形状和规模主要取决于园林总体规划以及详细规划中的观赏与功能要求。

（二）水池设计

水池设计包括平面设计、立面设计、剖面结构设计、管线设计等。

1. 水池的平面设计

水池平面设计显示水池在地面以上的平面位置和尺寸，水池平面设计必须标注各部分的高程，标注进水口、溢水口、泄水口、喷头、集水坑、种植池等的平面位置以及所取剖面的位置。

2. 水池的立面设计

水池立面设计反映立面的高度和变化，水池的深度一般根据水池的景观要求和功能要求设计。水池的池壁顶面与周围的环境要有合适的高程关系，一般以最大限度地满足游人的亲水性要求为原则。池壁顶除了使用天然材料，表现自然形式外，还可用规整的形式，加工成平顶或挑伸、中间折拱或曲拱、向水池一面倾斜等多种形式。

3. 水池的剖面设计

水池剖面设计应从地基至壁顶，注明各层的材料和施工要求。剖面应有足够的代表性，如一个剖面不足以说明设计细节时，可增加剖面。

4. 水池的管线设计

水池中的基本管线包括给水管、补水管、泄水管、溢水管等，有时给水与补水管道使用同一根管子。给水管、补水管和泄水管为可控制的管道，可控制水的进出。溢水管为自由管道，不加闸阀等控制设备以保证自由溢水。对于循环用水的溪流、跌水、瀑布等还包括循环管道，对配有喷泉、水下灯光的水池还应该包括供电系统设计。

管线设计的具体要求：

第一，一般水景工程的管线可直接敷设在水池内或直接埋在土中。大型水景工程中，如果管线多而且复杂时，应将主要管线布在专用管沟内。

第二，水池设置溢水管，以维持一定的水位和进行表面排污，保持水面清洁。溢水口应设格栅或格网，以防止较大漂浮物堵塞管道。

第三，水池应设泄水口，以便于清扫、检修和防止停用时水质腐败或结冰，池底都应有不小于1%的坡度，坡向泄水口或集水坑。水池一般采用重力泄水，也可利用水泵的吸水口兼作泄水。

第四，在水池中可以布置卵石、汀步、跳水石、跌水台阶、置石、雕塑等景观小品，共同组成景观。池底装饰可利用人工铺砌砂土、砾石或钢筋混凝土池底，再在其上选用池底装饰材料。

（三）水池施工技术

目前，园林中人工水池从结构上可以分为刚性结构水池、柔性结构水池两种。不同结构的水池，施工要求不同。

1. 刚性水池施工技术

刚性结构水池施工也称钢筋混凝土水池，池底和池壁均配钢筋，寿命长、防漏性好，适用于大部分水池。

（1）施工准备

①配料准备。水池基础与池底一般采用C20混凝土，池底与池壁多用C15混凝土，根据混凝土型号准备相应配料。另根据防水设计准备防水剂或防水卷材。配料准备时，注意池底池壁必须采用425号以上普通硅酸盐水泥，且水灰比不大于0.55，粒料直径不得大40 mm，吸水率不大于1.5%，混凝土抹灰和砌砖抹灰用325号水泥或425号水泥。

②场地放线。根据设计图纸定点放线。放线时水池的外轮廓应包括池壁厚度。为施工方便，池外沿各边加宽50 cm，用石灰或黄沙放出起挖线，每隔5~10 m（视水池大小）打一小木桩，并标记清楚。方形、长方形水池的直角处要校正，并最少打三个桩；圆形水池应先定出水池的中心点，再用线绳（足够长）以该点为圈心，水池宽的一半为半径（注意池壁厚度）画圆，石灰标明，即可放出圆形轮廓。

（2）池基开挖

挖方有人工挖方和人工结合机械挖方，可以根据现场施工条件确定挖方方法。开挖时一定要考虑池底和池壁的厚度。如为下沉式水池，应做好池壁的保护。挖至设计标高后，池底应整平并夯实，再铺上一层碎石、碎砖作为垫层。如果池底设置有沉泥池，应结合池底开挖同时施工。

池基挖方会遇到排水问题，常用基坑排水，这是既经济又简易的排水方法，即沿池边挖成临时性排水沟，并每隔一定距离在池基外侧设置集水井，再通过人工或机械抽水排出。

（3）池底施工

混凝土池底，如其形状比较规整，则50 m内可不做伸缩缝；如其形状变化较大，则在其长度约 20 m 并断面狭窄处做伸缩缝。一般池底可根据景观需要，进行色彩上的变化，如贴蓝色的面层材料等，以增加美感。混凝土池底施工要点如下：

①依基层情况不同分别处理。如基土稍湿而松软时，可在其上铺以厚 10 cm 的碎石层，并夯实，然后浇灌混凝土垫层。

②混凝土垫层浇完隔 1~2 天（应视施工时的温度而定），在垫层面测量确定底板中心，然后根据设计尺寸进行放线，定出柱基以及底板的边线，画出钢筋布线，依线绑扎钢筋，接着安装柱基和底板外围的模板。

③在绑扎钢筋时，应详细检查钢筋的直径、间距、位置、搭接长度、上下层钢筋的间距、保护层及埋件的位置和数量是否符合设计要求，上下层钢筋均应用铁撑（铁马凳）加以固定，使之在浇捣过程中不发生变化。

④底板应一次连续浇完，不留施工缝。如发现混凝土在运输过程中产生初凝或离析现象，应在现场进行二次搅拌后方可入模浇捣。底板厚度在 20 cm 以内，可采用平板振动器，20 cm 以上则采用插入式振动器。

⑤池壁为现浇混凝土时，底板与池壁连接处的施工缝可留在基础上 20 cm 处。施工缝可留成台阶形、凹格形、加金属止水片或遇水膨胀橡胶带。

（4）水池池壁施工技术

人造水池一般采用垂直形池壁。垂直形的优点是池水降落之后，不至于在池壁淤积泥土，从而使低等水生植物无从寄生，同时易于保持水面洁净。垂直形的池壁可用砖石或水泥砌筑，以瓷砖、罗马砖等饰面，甚至做成图案加以装饰。

①混凝土浇筑池壁施工技术。混凝土池壁，尤其是矩形钢筋混凝土池壁，应先做模板固定。模板固定有无撑支模及有撑支模两种施工方法，以有撑支模为常用方法。当池壁较厚时，内外模可在钢筋绑扎完毕后一次立好。操作人员可进入模内振捣混凝土，也可应用串筒将混凝土灌入，分层浇捣。池壁拆模后，应将外露的止水螺栓头割去。

②混凝土砖砌池壁施工技术。混凝土砖厚 10 cm，结实耐用，常用于池塘建造，混凝土砖砌筑池壁简化了池壁施工的程序，但混凝土砖一般只适用于古典风格或设计规则的池塘。池壁可以在池底浇筑完工后的第二天再砌。施工时，要趁池底混凝土未干时将边缘处拉毛。池底与池壁相交处的钢筋要向上弯伸入池壁，以加强结合部的强度。另外砌混凝土砖时要特别注意保持均匀的砂浆厚度，也可采用大规格的空心砖，使用空心砖时，中心必须用混凝土填埋，有时也用双层空心砖墙，中间填混凝土的方法来增加池壁的强度。

（5）池壁抹灰施工技术

抹灰在混凝土及砖结构的水池施工中是一道十分重要的工序，它使池面平滑，不会伤及池壁，而且池面光滑也便于清洁工作。

①池壁抹灰施工要点。内壁抹灰前2天应将池壁面扫清，用水洗刷干净，并用铁皮将所有灰缝刮一下，要求凹进1~1.5 cm。采用325号普通水泥配制水泥砂浆，配合比1：2。可掺适量防水粉，搅拌均匀，在抹第一层底层砂浆时，应用铁板用力将砂浆挤入砖缝内，增加砂浆与砖壁的黏结力。底层灰不宜太厚，一般在5~10 mm。第二层将坡面找平，厚度5~12mm。第三层面层进行压光，厚度2~3mm。砖壁与钢筋混凝土底板结合处，应加强转角抹灰厚度，使呈圆角，防止渗漏，外壁抹灰可采用1：3水泥砂浆。

②钢筋混凝土池壁抹灰要点。抹灰前将池内壁表面凿毛，不平处铲平，并用水冲洗干净，抹灰时可在混凝土表面上刷一遍薄的纯水泥浆，以增加黏结力，其他做法与砖壁抹灰相同。

（6）压顶

规则水池顶上应以砖、石块、石板、大理石或水泥顶制板等作压顶，压顶或与地面平，或高出地面，当压顶与地面平时，应注意勿使土壤流入池内，可将池周围地面稍向外倾。有时在适当的位置上，将顶石部分放宽，以便容纳盆钵或其他摆饰。

（7）试水

试水工作应在水池全部施工完成后进行，其目的是检验结构安全度，检查施工质量。试水时应先封闭管道孔，由池顶放水入池。一般分几次进水，根据具体情况，控制每次进水高度。从四周上下进行外观检查，做好记录，如无特殊情况，可继续灌水到储水设计标高，同时要做好沉降观察。

灌水到设计标高后，停1天，进行外观检查，并做好水面高度标记，连续观察7天，外表面无渗漏及水位无明显降落方为合格。

2. 柔性结构水池施工

随着新建筑材料的出现，水池的结构也可采用柔性材料。这类水池常采用玻璃布沥青席、三元乙丙橡胶（EPDM）薄膜、再生橡胶薄膜池、油毛毡作为防水材料，具有造型好、易施工、速度快、成本低等优点。

（1）玻璃布沥青席水池

施工前先准备好沥青席。方法是以沥青0号、3号按2：1比例调配好；再按沥青30%、石灰石矿粉70%的配比，且分别加热至100℃，将矿粉加入沥青锅拌匀；把准备好的玻璃纤维布（孔目 8 mm×8 mm 或者 10 mm×10 mm）放入锅内蘸匀后慢慢拉出，确保黏结在布上的沥青层厚度在于 2~3 mm；拉出后立即洒滑石粉，并用机械碾压密实，每块席长 40 m 左右。

施工时，先将水池土基夯实，铺 300 mm 厚灰土（3∶7）保护层，再将沥青席铺在灰土层上，搭接长 5~100 mm，同时用火焰喷灯焊牢，端部用大块石压紧，随即铺小碎石一层。再在表层散铺 150~200 mm 厚卵石一层即可。

（2）三元乙丙橡胶（EPDM）薄膜水池

EPDM 薄膜类似于丁基橡胶，是一种黑色柔性橡胶膜，厚度为 3~5 mm，能经受 -40℃~80℃ 的温度，使用寿命可达 50 年，自重轻，不漏水，施工方便，特别适用于大型展览临时布置水池和屋顶花园水池。建造 EPDM 薄膜水池，要注意衬垫薄膜与池底之间必须铺设一层保护垫层，材料可以是细砂（厚度>5 cm）、合成纤维等。铺设时，先在池底混凝土基层上均匀地铺一层 5 cm 厚的沙子，并洒水使沙子湿润，就可铺 EPDM 衬垫薄膜，注意薄膜四周至少多出池边 15 cm。

三、人工湖的工程设计

人工湖是主要以人工的方式开挖、扩展或改建原有湖泊的水体。人工湖是创造较大水面，创造碧波万顷、烟波浩渺等壮丽景观的重要手段。

（一）人工湖的平面设计

1. 平面位置的确定

根据规划规定和设计任务书的要求，确定人工湖的平面位置，是人工湖设计的首要问题。中国许多著名的园林，均以水体为中心，四周环以假山和亭台楼阁，显得环境幽雅、主题风格突出，充分发挥了人工湖的作用。

人工湖的方位、大小、形状均与园林整体布局、目的、性质密切相关。在以水景为主题的园林中，人工湖的位置应居于全园的重心，水体面积相对较大，湖岸线变化丰富。

2. 人工湖水面性质的确定

人工湖水面的性质依湖面在整个园林中的性质、作用、地位而有所不同。以湖面为主景的园林，往往使大的水面居于园的中心，沿岸环以假山和园林建筑，大小水面以桥连接，或水面中建岛、置石，以便空间开阔、层次深远。

3. 人工湖的平面形状构图

当确定了人工湖的设置位置和水面性质后，就可以进行人工湖的平面功能分析和组景构思，之后才可以进行平面形状的构图设计。

人工湖的平面形状的构图设计，主要是进行湖岸线的设计，以指定湖的具体形状和湖面区域划分。人工湖的湖岸线可为规则的几何线，或为自然的自然曲线，或两者共用。主要以满足功能要求和景观布局需求为目标。

在构图设计中，必须密切结合地形的变化进行设计，力争因地制宜，还可以极大地降低工程造价。

（二）人工湖基地对土壤的要求

人工湖的平面设计完成后，就要对拟挖湖所及的区域进行探测，为以后的技术设计或施工图设计做准备。对土壤的探测一般采用钻探的方法，钻孔之间的最大距离不得超过100m。通过钻孔探查可获得地质土层构成情况和地下水的标高数据。

对于地下水位过低、水资源缺乏的区域，必须认真考虑地质土层的组成情况。对于各种土壤有以下相应的处理方式：

第一，粘土、砂质粘土，因其土质细密、土层深厚、渗透系数小于 0.006 ~ 0.009m/s，为最适合挖湖的土质类型。

第二，以砾石为主，粘土夹层结构密实的地段，也适宜挖湖。

第三，砂土、卵石等容易渗水，应尽量避免在其中挖湖。如漏水不严重，应探明湖的设计位置底部的透水层深浅情况，采取相应的截水墙或用人工铺垫隔水层等工程措施。

第四，基地为淤泥或草煤层等软松层时，必须将其全部挖除，并做好周边的挡土保护坡。

第五，湖岸基地的土壤必须坚实，并且单纯的粘土不能作为湖的驳岸。

（三）人工湖底防渗漏的构造措施

在水资源十分缺乏的地区，在相关部门的允许之下，可以对渗水严重的湖底作如下的构造处理：

第一，灰土层湖底当湖的基土防水性能较好时，可在湖底做二灰土，并间距20m设一道伸缩变形缝。

第二，聚乙烯薄膜防水层湖底当湖底渗漏程度中等时，可采用此法。这种方法不但造价低，而且防渗效果好，但铺膜前必须做好底层处理。

第三，混凝土湖底当湖底面积不大、防渗漏要求又很高时，可采用混凝土的结构形式。当然，此法成本较高。

四、梅与静态水体的艺术营构

静态水体能倒映出水边的植物、山石建筑、游人及蓝天白云等，形成极其生动的亦真亦假、意境悠远的动人画面。水面宁静而温柔，使人的情绪得到安宁、轻松与平和。在净水岸边植梅，水面形成的开敞空间，使无论采用孤植还是群置手法，都可营造出简远、疏朗、雅致的园林意境，更有"池水倒窥疏影动"的韵味。梅影照水，别具雅致意韵，有效缓解了人的急躁烦恼情绪。梅花开时，在清亮明净的水的映照下，梅花更加俏丽突出，纤秀柔媚的梅花，妥帖地融入温情一般的水中。此时，梅的格高，水的清静，两两相对，一傲一清，无疑更为动人。花溪映照之景象，虚虚实实、若静若动，给人以花水相映的清雅明丽，无论远看近看，皆富有诗情画意。如果行列式种植，滨水空间就如同单侧廊一般，行走其间的游人视线所及必为梅覆下的水面。飘渺灵动的梅花为顶界线，清静的水面为底界面，断续的梅枝为垂直面，其通透、空灵、变换，使得画意跃然。故梅与静水的结合，表达着一种恬静的意境，突出了高洁疏瘦的梅花与清清静水之间一致的审美意向——傲峭、幽静、淡泊、优雅。梅花弄影，水体增色，带给游人宁静舒心的审美感受。

第三节　动水的设计

动水是相对静水而言的，一般指溪流、泉水、瀑布、喷泉之类的水景景观。动水水景景观的存在，必须有充足的水源保证，才能形成动态的有声有色的景观效果。

一、溪流

溪流是园林水景中一种重要的表现形式，它不仅能使人有活跃的美感，而且能加深各景物间的层次，使景物丰富而多变。

溪流的平面形状有弯曲多姿、宽窄多变的特点，形成多种的流水形态。设计时，可以结合具体的地形变化。与建筑结合，与植物种植结合，与山石配置结合，甚至通过流水的冲击形成特殊的音响，从而使游人产生悬念，能达到较好的景观效果。

溪流的纵向坡度、横向断面大小，是决定水流速度的主要因素，即坡度大、断面小，则水的流速快，反之相反。水流速度大则对溪岸的冲刷大。土质粘重而不崩溃可直接做河岸，并宜在岸边栽植细草。对石质沟槽可直接做溪岸。

溪流上游坡度宜大，下游宜小。在坡度大的地方放置大石块、坡度小的地方放置砾砂。决定坡度的大小因素一般为给水量的多少，给水量少则坡度大，给水量多则坡度可小些。坡地的坡度一般依地形而成自然形态，平地的坡度不宜小于 0.5%，并且水流的深度宜为 160~360 mm。溪流中水流的宽度，则依水流的总长和相应的景物比例恰当而定。

二、泉水

天然的泉是指水在重力与压力作用之下从山体缝隙中渗透而聚积成的水。这种泉，在园林中称为山泉。对于山泉，只要因势利导地稍加调整，就能事半功倍，取得极好的天然景观效果。

如果泉水从池中、溪底往上冲出，涌向水面则被称为涌泉。留置适当的水面面积和设置适当的平面形状，让涌泉展示在人们的观赏视线的焦点之中，这也是设置天然水景的一种方式。

采用人工的方式，取人工水源，可以组筑壁泉、石泉、雕塑泉、竹简泉等水景。人工泉的水体出水处必须认真处理，以隐蔽埋设为宜，最忌将出水管道直接暴露在外。宜用相应的景观材料遮掩处理。

三、跌水

跌水是指水流从高向低呈台阶状分级跌落的动态水景。

跌水原是一种自然界的落水现象，可以作为防止水冲刷下游的重要工程设施，也可以作为连续落水组景的方法。所以，跌水应选址于坡面较陡、易被冲刷或有景点需要设置的地方。

跌水的形式多种多样，就其落水的形态来分，一般将跌水分为单级式跌水、二级式跌水、三级式跌水、多级式跌水、悬臂式跌水、陡坡跌水等。

设计跌水景观时，首先要分析设景地的地形条件，重点为地势高低变化、水源水量情况及周围的景观空间等，据此选择跌水的位置。其次，确定跌水的形式，水最大、落差大，常作单级跌水；水最小、地形具有台阶状落差，可选用多级跌水。自然式的跌水布局，应结合泉、水池等其他水景综合考虑，并注重利用山石、树木、藤本隐蔽供水或排管道，增加自然气息，丰富立面层次。

四、喷泉工程

（一）喷泉工程概述

喷泉是利用压力使水从喷头中喷向空中、再自由落下的一种动态水景工程，具有壮观的水姿、奔放的水流、多变的水形。喷泉作为动态水景，丰富城市了景观。喷泉对其一定范围内的环境质量还有改良作用，它能够增加局部环境中的空气湿度，并增加空气中负氧离子的浓度，减少空气尘埃，有益于人们的身心健康。随着技术的进步，出现了以下多种造型喷泉形式。

1. 程控喷泉

将各种水型、灯光，按照预先设定的排列组合进行控制程序的设计，通过程序控制器发出控制信号，使水型、灯光实现多姿多彩的变化。程控喷泉的主要组成包括喷头、管网、动力设备，程序控制器、电磁阀等。

2. 音乐喷泉

是在程序控制喷泉的基础上加入音乐控制系统，计算机通过对音频及 MIDI 信号的识别，进行译码和编码，最终将信号输出到控制系统，使喷泉及灯光的变化与音乐保持同步，从而达到喷泉水型、灯光及色彩的变化与音乐情绪的完美结合，使喷泉表演更生动，更加富有内涵。

3. 旱泉

喷泉系统置于地下，表面饰以光滑美丽的铺装，铺设成各种图案和造型。水花从地下喷涌而出，在彩灯照射下，地面犹如五颜六色的镜面，将空中飞舞的水花映衬得无比娇艳，使人流连忘返。停喷后，不阻碍交通，可照常行人，适于宾馆、饭店、商场、大厦、街景小区等。旱泉也称旱喷，需要注意的是设计喷泉水压时应充分考虑游人的安全。

4. 跑泉

跑泉是由计算机控制数百个喷水点，随音乐的旋律高速喷射，或瞬间形成排山倒海之势，或形成委婉起伏波浪式，或组成其他水景，衬托景点的壮观与活力，适于江、河、湖、海及广场等宽阔的地点。

5. 室内喷泉

布置于室内的小型水池喷泉，多采用程控或实时声控方式运行。娱乐场所可采用实时声控，伴随着优美的旋律，水景与舞蹈、歌声同步变化，相互衬托，使现场的水、声、光、色达到完美的结合，极具表现力。

6. 层流喷泉

又称波光喷泉，采用特殊层流喷头，将水柱从一端连续喷向固定的另一端，中途水流不会扩散，不会溅落。白天，层流喷泉就像透明的玻璃拱柱悬挂在天空；夜晚，在灯光照射下，犹如雨后的彩虹，色彩斑斓，适于各种场合与其他喷泉相组合。

7. 趣味喷泉

以娱乐、增加趣味性为目的的喷泉，如子弹喷泉、鼠跳泉、喊泉，适于公园、旅游景点等，具有极强的娱乐功能。

8. 激光喷泉

配合大型音乐喷泉设置一排水幕，用激光成像系统在水幕上打出色彩斑斓的图形、文字或广告，既渲染美化了空间又起到宣传、广告的效果，适于各种公共场合，具有极佳的营业性能。

9. 水幕电影

水幕电影是通过高压水泵和特制水幕发生器，将水自上而下，高速喷出，雾化后形成扇形"银幕"，由专用放映机将特制的录影带投射在"银幕"上，形成水幕电影。当观众在观摩电影时，扇形水幕与自然夜空融为一体。当人物出入画面时，好似人物腾起飞向天空或自天而降，产生一种虚无缥缈和梦幻的感觉，令人神往。

（二）喷泉布置要点

选择喷泉位置首先考虑喷泉的主题、形式，要与环境相协调。在一般情况下，喷泉的位置多设于建筑、广场的轴线焦点或端点处；其次，喷泉宜安置在避风的环境中以保持水型。

喷水池的形式有自然式和规则式，可以居于水池中心，组成图案，也可以偏于一侧或自由地布置，并根据喷泉所在地的空间尺度来确定喷水的形式、规模及喷水池的大小比例。

（三）喷头与喷泉造型

1. 常用的喷头种类

喷头是喷泉的主要组成部分，它的作用是把具有一定压力的水变成各种预想的、绚丽的水花喷射出来。因此，喷头的形式、质量和外观等，都对整个喷泉的艺术效果产生重要的影响。

喷头因受水流的摩擦一般多用耐磨性好、不易锈蚀、又具有一定强度的黄铜或青铜制成。为了节省铜材，近年来亦使用铸造尼龙制造喷头，这种喷头其有耐磨、自润滑性好、加工容易、轻便、成本低等优点；缺点是易老化、使用寿命短、零件尺寸不易严格控制等。目前，国内外经常使用的喷头式有以下类型：

（1）单射流喷头

单射流喷头是压力水喷出的最基本的形式，也是喷泉中应用最广的一种喷头，它不仅可以单独使用，也可以组合使用，能形成多种样式的喷水型。

（2）喷雾喷头

喷雾喷头是喷头内部装有一个螺旋状导流板，使水流做圆周运动，水喷出后，形成细细的弥漫的雾状水流。

（3）环形喷头

环形喷头是喷头的出水口为环形断面，即外实内空，使水形成集中而不分散的环形水柱，它以雄伟、粗犷的气势跃出水面，带给人们奋发向上的气氛。

（4）旋转喷头

旋转喷头是利用压力水由喷嘴喷出时的反作用力或其他动力带动回转器转动，使喷嘴不断地旋转运动，从而丰富了喷水造型，喷出的水花或欢快旋转或飘逸荡漾，形成各种扭曲线形，婀娜多姿。

（5）扇形喷头

扇形喷头是喷头的外形很像扁扁的鸭嘴，它能喷出扇形的水膜，或像孔雀开屏一样美丽的水花。

五、梅与动态溪流的艺术营构

潺潺小溪，淙淙作响，萦绕石间，忽聚忽散，形成水体多变、水声悦耳的美妙境界。在溪流两边的阳坡地运用散植手法植梅，避免了溪水的单一暴露，同时起到分割空间、联系景物的作用。尤其是在溪涧曲水转弯处自然山石的岸边，零零散散种植几株树干苍老横斜的老梅，梅与溪水的一枯一润、一静一动形成强烈对比，枝干挺拔、疏影横斜的几枝梅在清澈溪水的衬托下显得越发精神，姿态更加飘逸别致。若是梅花开时，依稀数株，疏朗简洁，下有浅溪一泓，别有一种高士浪沧、佳人浣花之美。宋代诗人杨万里的一首咏梅诗作，其中"一路谁栽十里梅，下临溪水恰齐开；此行便是无官事，只为梅花也合来"，写出了溪边壮观的梅花景象。沿着梅溪赏梅，小径曲折、忽隐忽现，水面缓急不定，观景听景，步移景异，花香幽暗，使人在观赏梅自身的形态美之外，更能通过梅的疏影横斜、老干虬枝的形姿，以及凌寒独自开时的暗香浮动，体会出梅的神韵美，与溪流的结合更创造了幽寂空灵的园林意境，所谓临水之梅，复化身于清流，"只有横斜清浅口，澹然标格映须眉"，可谓风光这里独好。

第五章 园林景观种植设计

第一节　园林景观植物生长发育和环境的关系

环境是指植物生存地点周围空间的一切因素的总和。从环境中分析出来的因素称为环境因子，而在环境因子中对景园植物起作用的因子称为生态因子，其中包括气候因子（光、温度、水分、空气、雷电、风、雨和霜雪等）、土壤因子（成土母质、土壤结构、土壤理化性质等），生物因子（动物、植物、微生物等）、地形因子（地形类型、坡度、坡向和海拔等）。

这些因子综合构成了生态环境，其中光照、温度、空气、水分、土壤等是植物生存不可缺少的必要条件，它们直接影响着植物的生长发育。当然，这些生态因子并不是孤立地对植物起作用，而是综合地影响着植物的生长发育。

一、光与植物的生长发音

光是绿色植物最重要的生存因子，绿色植物通过光合作用将光能转化为化学能，为地球上的生物提供了生命活动的能源。影响光合作用的主要因子是光质（光谱成分）、光照强度和光照长度。

一般而言，植物在全光范围即在白光下才能正常生长发育，但是白光中的不同波长段，即红光（760～626nm）、橙光（626～595nm）、黄光（595～575nm）、绿光（575～490nm），青蓝光（490～435nm）、紫光（435～370nm），对树木的作用是不完全相同的。蓝光紫光对树木的加长生长有抑制作用，对幼芽的形成和细胞的分化均有重要作用，它们还能促进花青素的形成，使花朵色彩鲜艳。紫外线也具有同样的功能，所以在高山上生长的树木，节间均短缩而花色鲜艳。对树木的光合作用而言，以红光的作用最大，红光有助于叶绿素的形成，促进二氧化碳的分解与碳水化合物的合成；其次是蓝紫光，蓝光则有助于有机酸和蛋白质的合成，而绿光及黄光则大多被叶子所反射或透过，而很少被利用。

（一）植物对光照强度的要求及适应性

在园林景观建设中了解树木的耐阴性是很重要的，如阳性树种的寿命一般比耐阴树种的短，但阳性树种的生长速度较快，所以在进行树木配植时必须搭配得当。又如树木在幼苗阶段的耐阴性高于成年阶段，即耐阴性常随年龄的增长而降低，在同样的庇荫条件下，幼苗可以生存，但成年树即感到光照不足。了解了这一点，则可以进行科学的管理，适时地提高光照强度。此外，对于同一树种而言，生长在其分布区南界的植株就比生长在其分布区中心的宿株耐阴；而生长在分布区北界的植株则较喜光。同样的树种，海拔愈高，树木的喜光性愈强。土壤的肥力也可影响树木的需光量，如榛子在肥土中相对最低需光量为全光照的 1/50 ~ 1/60，而在瘠土中约为全光照的 1/18 ~ 1/20。掌握这些知识，对引种驯化、苗木培育、树木的配植和养护管理等方面均会有所帮助。

（二）光照长度与植物的生长发育

日照的长短除对植物的开花有影响外，对植物的营养生长和休眠也起重要的作用。一般而言，延长光照时数会促进植物的生长或缩短生长期，缩短光照时数则会促进植物进入休眠或延长生长期。我国对杜仲苗施行不间断的光照处理，使其生长速度增加了 1 倍。对从南方引种的植物，为了使其及时准备过冬，则可用短日照的办法使其提早休眠以增强抗逆性。许多园林景观树木对光照长度并不敏感，影响最大的是光照强度。

二、温度与植物的生长发育

温度和光一样，是树木生存和进行各种生理生化活动的必要条件。树木的整个生长发育过程以及树种的地理分布等，都在很大程度上受温度的影响，只有在一定的温度条件下，树木才能进行正常生长，过高、过低的温度对树木都是有害的。树木的生活是在一定的温度范围内进行的，各种温度数值对树木的作用是不同的，我们通常所讲的温度三基点，是指某一个生理过程所需要的最低温度、最适温度和不能超过的最高温度。

温度对树木的影响，首先是通过对树木各种生理活动的影响表现出来的。树木的种子只有在一定的温度条件下才能吸水膨胀，促进酶的活化，加速种子内部的生理生化活动，从而发芽生长。一般树木种子在 0 ~ 5℃ 开始萌动，以后发芽速率与温度升高呈正相关，最适温度为 25 ~ 30℃ 之间，最高温度是 35 ~ 45℃，温度再高就对种子发芽产生不利的影响。

对于温带和寒温带的许多树种的种子，则需经过一段时间的低温，才能顺利地发芽。

树木的生长是在一定的温度范围内进行的，不同地带生长的树木，对温度在量上的要求是不同的。在其他条件适宜的情况下，生长在高山和极地的树木最适合生长温度约在10℃以内，而大多数温带树种在5℃以上开始生长；最适生长温度为25~30℃，而最高生长温度为35~40℃。亚热带树种，通常最适生长温度为30~35℃，最高生长温度为45℃，一般在0~35℃的温度范围内，温度升高，生长加快，生长季延长，温度下降，生长减慢，生长季缩短。其原因是，在一定温度范围内，温度上升，细胞膜透性增强，树木生长时必需的二氧化碳、盐类的吸收增加，同时光合作用增强，蒸腾作用加快，酶的活动加速，促进了细胞的延长和分裂，从而加快了树木的生长速度。

三、水分与植物的生长发育

水是生物生存的重要因子，它是组成生物体的重要成分，树体内含水约有50%。只有在水的参与下，树木体内的生理活动才能正常进行，而水分不足，会加速树木的衰老。水主要来源于大气降水和地下水，在个别情况下，植物还可以利用，数量极微的凝结水。水是通过不同质态、数量、持续时间这三个方面的变化对树木起作用的。水可呈多种质态，如固态水（雪、雹）、液态水（降水、灌水）和气态水（大气湿度、雾），不同质态水对树木的作用不同；数量，是指降水的多少；水的持续时间，是指干旱、降水、水淹等持续的日数。水的这三个方面对树木的生命活动影响重大，直接或间接影响树木的生长、开花和结果。

在自然界不同的水分条件下，适应着不同的树种。如干旱的山坡上常见松树生长良好；通常在水分充足的山谷、河旁，赤杨、枫杨生长旺盛。这说明树木对水分有不同的要求，它们对土壤湿度有不同的适应性。树木对水分的要求与需要有一定的联系，但却是两个不同的概念树种对水分的需要和要求有时是一致的，有时也可能不一致。如赤杨喜生于水分充足的地方，是对水分需求量高、对土壤水分条件要求比较严格的树种；松树对水分的需要量也较高，但却可生长在少水的地方，对土壤湿度要求并不严格；云杉的耗水量较低，对土壤水分的要求却严格。按树种对水分的要求可分为耐旱树种、湿生树种和中生树种。

湿生树种是指在土壤含水量多、甚至在土壤表面有积水的条件下也能正常生长的树种，它们要求经常有充足的水分，不能忍受干旱，如池杉、枫杨、赤杨等。这些树种，因环境中经常有充足的水分，没有任何避免蒸腾过度的保护性形态结构，相反却具有对水分过多的适应特征。如根系不发达，分生侧根少，根毛也少，根细胞渗透压低，为810.6~1215.9kPa，叶大而薄，栅栏组织不发达，角质层薄或缺，气孔多面常开放，因此，它们的枝叶摘下后很易萎缩。此外，为适应缺氧的生境，有些湿生树种的茎组织疏松，有利于气体交换。多数树种属中生树种，不能长期忍受过干和过湿的生境，根细胞的渗透压为506.6~2533.1kPa。

四、土壤与植物的生长发育

土壤是树木栽培的基础，树木的生长发育要从土壤中吸收水分和营养元素，以保证其正常的生理活动。土壤对树木生长发育的影响是由土壤的多种因素（如母岩、土层厚度、土壤质地，土壤结构、土壤营养元素含量、土壤酸碱度以及土壤微生物等）的综合作用所决定。因此，在分析土壤对树木生长的作用时，首先应该找出，影响最大的主导因子，并研究树木对这些因子的适应特性。

土壤孔隙中含有空气的多种成分，如氧、氮、二氧化碳等。氧气是土壤空气中最重要的成分，我们常说的土壤通气性好坏主要是指含氧的状况。所有的树根和土壤微生物都要进行呼吸，不断地耗氧并排出二氧化碳等，若土壤通气不良，会减缓土壤与大气间的交换，使氧气含量下降，而二氧化碳含量增加，这样不利于氧与二氧化碳间的平衡，影响根系生长或停长，从而导致树木生长不良。

土壤化学性状主要指土壤的酸碱度及土壤有机质和矿质元素等，它们与树木的营养状况有密切关系。土壤酸碱度一般指土壤溶液中的 H^+ 浓度，用 pH 值表示，土壤 pH 值多在4~9之间。由于土壤酸碱度与土壤理化性质和微生物活动有关，因此土壤有机质和矿质元素的分解和利用，也与土壤酸碱度密切相关。所以土壤酸碱度对树木生长的影响往往是间接的。土壤反应有酸性、中性、碱性三种。过强的酸性或碱性对树木的生长都不利，甚至因无法适应而死亡。各种树木对土壤酸碱度的适应力有较大的差异，大多数要求中性或弱酸性土壤，仅有少数适应强酸性（pH 值为 4.5~5.5）或碱性（pH 值为 7.5~8.0）土壤。

此外，在一些地区由于盐碱化而影响树木的生存。盐碱土包括盐土和碱土两大类。盐土是指含有大量可溶性盐的土壤，多由海水浸渍而成，为滨海地带常见，其中以氧化钠和硅酸钠为主，不呈碱性反应；碱土是以含碳酸钠和碳酸氢钠为主，pH 值呈强碱性反应的土壤，多见于雨水少、干旱的内陆。

对园林树木而言，落叶树在土壤中含盐量达 0.3% 时会引起伤害，常绿针叶树则在含盐量为 0.18%~2% 时，即会引起伤害。因此，在盐碱地进行园林绿化时，既要注意土壤的改造，更要选择一些抗盐碱性强的园林树木，如柽柳、紫穗槐、海桐、无花果、刺槐、白蜡等。

五、其他环境因子与植物的生长发育

（一）地势与植物的生长发育

地势本身不是影响树木分布及生长发育的直接因子，而是由于不同的地势，如海拔高度、坡度大小和坡向等对气候环境条件的影响，而间接地作用于树木的生长发育过程。

海拔高度对气候有很大的影响，海拔由低至高则温度渐低、相对湿度渐高、光照渐强、紫外线含量增加，这些现象以山地地区更为明显，因而会影响树木的生长与分布。山地的土壤随海拔的增高，温度渐低、湿度增加、有机质分解渐缓、淋溶和灰化作用加强，因此 pH 值渐低。由于各方面因子的变化，对于树木个体而言，生长在高山上的树木与生长在低海拔的同种个体相比较，则有植株高度变矮、节间变短等变化。树木的物候期随海拔升高而推迟，生长期结束早，秋叶色艳而丰富、落叶相对提早，而果熟较晚。

不同方位山坡的气候因子有很大差异，如南坡光照强，土温、气温高，土壤较干；而北坡正好相反。在北方，由于降水量少，所以土壤的水分状况对树木生长影响极大，在北坡，由于水分状况相对南坡好，而可生长乔木，植被繁茂，甚至一些阳性树种亦生于阴坡或半阴坡；在南坡由于水分状况差，所以仅能生长一些耐旱的灌木和草本植物。但是在雨量充沛的南方则阳坡的植被就非常繁茂了。此外，不同的坡向对树木冻害、旱害等在有很大影响。

坡度的缓急、地势的陡峭起伏等，不但会形成小气候的变化而且对水土的流失与积聚都有影响，还可直接或间接地影响到树木的生长和分布。坡度通常分为六级，即平坦地为5°以下、缓坡为 6°~15°、中坡为 16°~25°、陡坡为 26°~35°、急坡为 36°~45°、险坡为45°以上。在坡面上水流的速度与坡度及坡长成正比，而流速愈快、径流量愈大时，冲刷掉的土壤量也愈大。山谷的宽狭与深浅以及走向变化也能影响树木的生长状况。

（二）风与植物的生长发育

风是气候因子之一。风对树木的作用是多方面的，有对树木良好作用的一面，如微风与和风有利于风媒传粉、可以促进气体交换、增强蒸腾、改善光照和光合作用、降低地面高温、减少病原苗等；但也有不利的一面，如大风对树木起破坏作用，经常被大风吹刮的树木会变矮、弯干、偏冠，强风会吹落嫩枝、花果，折断大枝，使树木倒伏，甚至整株被拔起。

各种树木的抗风能力差别很大，一般而言，凡树冠紧密、材质坚韧、根系强大深广的树种，抗风力就强，而树冠庞大、材质柔软或硬脆、根系浅的树种，抗风力就弱。但是同一树种又因繁殖方法、立地条件和配置方式的不同而有异。用扦插繁殖的树木，其根系比用播种繁殖的浅，故易倒；在土壤松软而地下水位较高处亦易倒；直立树和稀植的树比密植者易受风害，而以密植的抗风力最强。

（三）大气污染与植物的生长发育

随着工农业现代化的发展，环境污染问题日趋严重。城市工厂生产和生活中的能源燃烧、汽车排气等是市区主要的污染源。目前；受到注意的污染大气的有毒物质已达 400 余种，通常危害较大的有 20 余种。按其毒害机制可分为六种类型。

第一，氧化性类型。如臭氧、氧气及二氧化氮等。

第二，还原性类型。如二氧化硫、硫化氢、一氧化碳、甲醛等。

第三，酸性类型。如氟化氢、氧化氢、硅酸烟雾等。

第四，碱性类型。如氨等。

第五，有机毒害型。如乙烯等。

第六，粉尘类型。镉、铅等重金属，飞沙、尘土、烟尘等。

在城市中汽车过多的地方，由汽车排出的尾气经太阳光紫外线的照射会发生光化学作用，而变成浅蓝色的烟雾，其中，90% 为臭氧，其他为醛类、烷基硝酸盐、过氧乙酰基硝酸酯，有的还含有为防爆消声而加的铅，这是大城市中常见的次生污染物质。

大气污染既有持续性的，也有阵发性的；既有单一污染，也有混合污染。不同污染源对树木的危害不同。不同树木对污染的反应不同，有敏感的（常用作监测），有抗性较强的。受害表现有急性型、慢性型、时滞暴发型（经 1~2 次高浓度阵发性污染后，开始一段时间并不表现危害症状或很轻，而后在污染并不延续的情况下，以爆发形式表现出急性危害）和抗耐型四种类型。

在充分了解不同地点污染的特点和同一地点不同季节污染的变化状况的基础上，选择不同抗性的树木进行栽培，才能在一定程度上发挥树木的净化作用。

（四）生物因子与植物的生长发育

在树木生存的环境中，尚存在许多其他生物，如各种低等、高等动物，它们与树木间有着各种或大或小的、直接或间接的相互影响，这些生物因子对树木生长发育的影响也是不能忽视的。而在树木与树木间也存在着错综复杂的相互影响。

第二节 园林景观植物种植设计基本形式与类型

一、园林景观植物种植设计基本形式

园林景观种植设计的基本形式有三种，即规则式、自然式和混合式。

（一）规则式

规则式又称整形式、几何式、图案式等，是指园林景观中植物成行成列等距离排列种植，或做有规则的简单重复，或具规整形状。多使用植篱、整形树、模纹景观及整形草坪等。花卉布置以图案式为主，花坛多为几何形，或组成大规模的花坛群；草坪平整而具有直线或几何曲线型边缘等。通常运用于规则式或混合式布局的园林环境中。具有整齐、严谨、庄重和人工美的艺术特色。

（二）自然式

自然式又称风景式、不规则式，是指植物景观的布置没有明显的轴线，各种植物的分布自由变化，没有一定的规律性。树木种植无固定的株行距，形态大小不一，充分发挥树木自然生长的姿态，不求人工造型；充分考虑植物的生态习性，植物种类丰富多样，以自然界植物生态群落为蓝本，创造生动活泼、清幽典雅的自然植被景观，如自然式丛林、疏林草地、自然式花境等。自然式种植设计常用于自然式的园林景观环境中，如自然式庭园、综合性公园安静休息区、自然式小游园、居住区绿地等。

（三）混合式

混合式是规则式与自然式相结合的形式，通常指群体植物景观（群落景观）。混合式植物造景就是吸取规则式和自然式的优点，既有整洁清新、色彩明快的整体效果，又有丰富多彩、变化无穷的自然景色；既有自然美，又具人工美。

混合式植物造景根据规则式和自然式各占比例的不同，又分三种情形，即自然式为主，结合规则式；规则式为主点缀自然式；规则式与自然式并重。

二、园林景观植物种植设计类型

（一）根据园林景观植物应用类型分类

1. 树木种植设计

是指对各种树木（包括乔木、灌木及木质藤本植物等）景观进行设计。具体按景观形态与组合方式又分为孤景树、对植树、树列、树丛、树群、树林、植篱及整形树等景观设计。

2. 草花种植设计

是指对各种草本花卉进行造景设计，着重表现草花的群体色彩美、图案装饰美，并具有烘托园林气氛、创造花卉特色景观等作用。具体设计造景类型有花坛、花境、花台、花池、花箱、花丛、花群、花地、模纹花带、花柱、花箱、花钵、花球、花伞、吊盆以及其他装饰花卉景观等。

3. 蕨类与苔藓植物设计

利用蕨类植物和苔藓进行园林造景设计，具有朴素、自然和幽深宁静的艺术境界，多用于林下或阴湿环境中，如贯众、凤尾蕨、肾蕨、波士顿蕨、翠云草、铁线蕨等。

（二）按植物生境分类

景园种植设计按植物生境不同，分为陆地种植设计和水体种植设计两大类。

1. 陆地种植设计

园林景观陆地环境植物种植，内容极其丰富，一般园林景观中大部分的植物景观属于这一类。陆地生境地形有山地、坡地和平地三种。山地宜用乔木造林；坡地多种植灌木丛、树木地被或草坡地等；平地宜做花坛、草坪、花境、树丛、树林等各类植物造景。

2. 水体种植设计

水体种植设计是对园林景观中的湖泊、溪流、河沼、池塘以及人工水池等水体环境进行植物造景设计。水生植物虽没有陆生植物种类丰富，但也颇具特色，历来被造园家所重视。水生植物造景可以打破水面的平静和单调，增添水面情趣，丰富景园水体景观内容。水生植物根据生活习性和生长特性不同，可分为挺水植物、浮叶植物、沉水植物和漂浮植物四类。

（三）按植物应用空间环境分类

1. 户外绿地种植设计

是园林景观种植设计的主要类型，一般面积较大，植物种类丰富，并直接受土壤、气候等自然环境的影响。设计时除考虑人工环境因素外，更加注重运用自然条件和规律，创造稳定持久的植物自然生态群落景观。

2. 室内庭园种植设计

种植设计的方法与户外绿地具有较大差异，设计时必须考虑到空间、土壤、阳光、空气等环境因子对植物景观的限制，同时也注重植物对室内环境的装饰作用。多运用于大型公共建筑等室内环境布置。

3. 屋顶种植设计

在建筑物屋顶（如平房屋顶、楼房屋顶）上铺填培养土进行植物种植的方法，屋顶种植又分非游憩性绿化种植和屋顶花园种植两种形式。

第三节　园林景观植物种植设计手法

一、树列与行道树设计

（一）树列设计

树列，也称列植树，是指按一定间距，沿直线（或曲线）纵向排列种植的树木景观。

1. 树列设计形式

树列设计的形式有两种，即单纯树列和混合树列。单纯树列是用同一种树木进行排列种植设计，具有强烈的统一感和方向性，种群特征鲜明，景观形态简洁流畅，但也不乏单调感。混合树列是用两种以上的树木进行相间排列种植设计，具有高低层次和韵律变化，混合树列还因树种的不同，产生色彩、形态、季相等景观变化。树列设计的株距取决于树种特性、环境功能和造景要求等，一般乔木间距 3~8m，灌木 1~5m，灌木与灌木近距离列植时以彼此间留有空隙为准，区别于植篱。

2. 树种选择与应用

树列具有整齐、严谨、韵律、动势等景观效果。因此，在设计时宜选择树冠较整齐、个体生长发育差异小或者耐修剪的树种。树列景观适用于乔木、灌木、常绿、落叶等许多类型的树种。混合树列树种宜少不宜多，一般不超过三种，多了会显得杂乱而失去树列景观的艺术表现力。树列延伸线较短时，多选用一种树木，若选用两种树时，宜采用乔木与灌木间植，一高一低，简洁生动。树列常用于道路边、分车绿带、建筑物旁、水际、绿地边界、花坛等种植布置。行道树就是最常见的树列景观之一，水际树列多选择垂柳、枫杨、水杉等树种。

（二）行道树设计

行道树是按一定间距列植于道路两侧或分车绿带上的乔木景观，行道树设计要考虑的主要内容是道路环境、树种选择、设计形式、设计距离、安全视距等。

1. 道路环境

行道树生长的道路环境因素较为复杂，并直接或间接影响着行道树的生长发育、景观形态和景观效果。总体上可将环境因素分为两大类，即自然因素和人工因素。自然因素包括温度、光照、空气、土壤、水分等；人工因素包括建筑物、路面铺筑物、架空线、地下埋藏管线、交通设施、人流、车辆、污染物等。这些因素或多或少地影响了行道树设计时的树种选定、种植定位、定干整形等。因此在设计之前要充分了解各种环境因素及其影响作用，为行道树设计提供依据。

2. 树种选择

行道树树种设计要认真考虑各种环境因素，充分体现行道树保护和美化环境的功能，科学、正确地选择适宜树种。具体选择树种时一般要求树木具有适应性强、姿态优美、生长健壮、树冠宽大、萌芽性强、无污染性等特点。另外，选择树种时，应尽量选用无花粉过敏性或过敏性较少的树种，如香樟、女贞、刺槐、乌桕、水杉、黄杨、榔榆、冬青、银杏、梧桐等。

3. 设计形式

行道树设计形式根据道路绿地形态不同，通常分为两种，即绿带式和树池式。

（1）绿带式

是指在道路规划设计时，在道路两侧，位于车行道与人行道之间、人行道或混合道路外侧设置带状绿地，种植行道树。较为宽阔的主干道有时也在分车绿带中种植行道树，以进一步增加景园空间绿量和环境生态效益。带状绿地宽度因用地条件及附近建筑环境不同可宽可窄，但一般不小于1.5m宽，至少可以种植一列乔木行道树。

（2）树池式

是指在人行道上设计排列几何形的种植池以种植行道树的形式。树池式常用于人流或车流量较大的干道，或人行道路面较窄的道路行道树设计。树池占地面积小，可留出较多的铺装地面以满足交通及人员活动需要。树池形状以正方形较好，其次为长方形和圆形。树池规格因道路用地条件而定，一般情况下，正方形树池以1.5m×1.5m较为合适，最小不小于1m×1m；长方形树池以1.2m×2m为宜；圆形树池直径则不小于1.5m。行道树宜栽植于树池的几何中心位置。

4．设计距离

行道树设计还必须考虑树木之间，树木与架空线、建筑、构筑物、地下管线以及其他设施之间的距离，以避免或减少彼此之间的矛盾，使树木既能充分生长，最大限度地发挥其生态与环境美化功能，同时又不影响建筑与环境设施的功能与安全。

行道树的株距大小依据所选择的树木类型和设计初种树木规格而定。一般采用5m作为定植株距，一些高大乔木也可采用6~8m的定植株距，总的原则是以成年后树冠能形成较好的郁闭效果为准。设计初种树木规格较小而又需在较短时间内形成遮阳效果时，可缩小株距，一般为2.5~3m，等树冠长大后再行间伐，最后定植株距为5~6m。小乔木或窄冠型乔木行道树一般采用4m的株距。

5．安全视距

行道树设计时还要考虑交叉道口的行车安全，在道路转弯处空出一定的距离，使驾驶员在拐弯或通过路口之前能看到侧面道路上的通行车辆，并有充分的刹车距离和停车时间，防止交通事故发生。这种从发觉对方汽车立即刹车而不致发生撞车的距离，称为"安全视距"。根据两条相交道路的两个最短视距，可在交叉口转弯处绘出一个三角形，称为"视距三角形"，在此三角区内不能有构筑物，行道树设计也要避开此三角区。一般采用30~35m的安全视距为宜。

二、孤景树与对植树设计

（一）孤景树设计

孤景树又称孤植树、孤立木，是用一株树木单独种植设计成景的园林树木景观。孤植树是作为园林局部空间的主景构图而设置的，以表现自然生长的个体树木的形态美，或兼有色彩美，在功能上以观赏为主，同时也具有良好的遮阳效果。

1. 环境设计

孤景树的设计必须有较为开阔的空间环境，既保证树木本身有足够的自由生长空间，而且也要有比较适宜的观赏视距与观赏空间，人们可以从多个位置和角度去观赏孤景树。

孤景树在环境中是相对独立成景，并非完全孤立，它与周围环境景物具有内在的联系，无论在体量、姿态、色彩、方向等方面，与环境其他景物既有对比，又有联系，共同统一于整个绿地构图之中。孤景树设计的具体环境位置，除草坪、广场、湖畔等开朗空间外，还可布置于桥头、岛屿、斜坡、园路尽端或转弯处、岩洞口、建筑旁等。自然式绿地中构图力求自然活泼，在与环境取得协调均衡的同时，避免使树木处于绿地空间的正中位置。孤景树也可设计应用于整形花坛、树坛、交通广场、建筑前庭等规则式绿地环境中，树冠要求丰满、完整、高大，具有宏伟的气势。有时也可将树冠修剪成一定造型，进一步强调主景效果。

2. 树种选择

孤景树设计一般要求树木形体高大，姿态优美，树冠开阔，枝叶茂盛，或者具有某些特殊的观赏价值，如鲜艳的花果叶色彩、优美的枝干造型、浓郁的芳香等。还要求生长健壮、寿命长，无严重污染环境的落花、落果，不含有害于人体健康的毒素等。在各类园林绿地规划设计时，要充分利用原有大树，特别是一些古树名木作为孤景树来造景。一方面是为了保护古树名木和植物资源，使之成为园林景观空间重要的绿色景观而受到保护；另一方面，古树名木本身具有很高的不可替代的观赏价值和历史意义。

（二）对植树设计

对植树是指按一定轴线关系对称或均衡对应种植的两株或具有两株整体效果的两组树木景观。对植树主要做配景或夹景，以烘托主景，或增强景观透视的前后层次和纵深感。如建筑入口两侧可种植龙爪槐、桂花、海桐等对植树景观。

1. 对植树设计形式

根据庭园绿地空间布局的形式不同，对植树设计分规则对称式和不对称均衡式两种。规则对称式对植多用于规则式庭园绿地，布局严格按对称轴线左右完全对称，树种相同，树木形态大小基本一致，采用单株对植，具有端庄、工整的构图美。不对称均衡式对植多用于自然式或混合式庭园绿地中，在构图中线的两侧不完全对称布置，稍有变化，可用形态相似的不同种树，同种树树形可以有所变化，植株与中心线的距离也可不等，位置也可略有错落。在数量上也可变化，如一株大树与两株一组的稍小树木对植布置。不对称均衡式对植树景观显得自由活泼，能较好地与自然空间环境取得协调。

2. 树种选择与应用

对植树设计一般要求树木形态美观或树冠整齐、花叶娇美。规则对称式多选用树冠形状比较整齐的树种，如龙柏、雪松等，或者选用可进行整形修剪的树种进行人工造型，以便从形体上取得规整对称的效果，不对称均衡式对植树树种要求较为宽松。在对植树配植时，要充分考虑树木立地位置和空间条件，既要保证树木有足够的生长空间，又不影响环境功能的发挥。如在建筑入口两侧布置对植树，不能影响人员进出或其他活动；不要影响建筑室内采光，距离建筑墙面要有足够树木生长的空间距离等。

三、树丛设计

树丛是指由多株（通常两株到十几株不等）树木做不规则近距离组合种植，具有整体效果的园林树木群体景观。树丛主要反映自然界树木小规模群体形象美，这种群体形象美又是通过树木个体之间的有机组合与搭配来体现的，彼此之间既有统一的联系，又有各自的变化。在园林构图上，常做局部空间的主景，或配景、障景、隔景等。同时也兼有遮阳作用，如水池边、河畔、草坪等处，皆可设置树丛。树丛可以是一个种群，也可由多种树组成。树丛因树木株数不同而组合方式各异，不同株数的组合设计要求遵循一定构图法则。

（一）两株树丛

两株组合设计一般采用同种树木，或者形态和生态习性相似的不同种树木。两株树木的形态大小不要完全相同，要有变化和动势，创造活泼的景致。两株树木之间既有变化和对比，又要有联系，相互顾盼，共同组成和谐的景观形象。两株间距要适当，一般以小于矮树冠径为宜，在不影响两株个体正常发育的条件下，尽可能栽得靠近一些。

（二）三株树丛

三株树木组合设计宜采用同种或两种树木。若为两种树，应同为常绿或落叶，同为乔木或灌木等，不同树木大小和姿态有所变化。平面布置呈不等边三角形。三株树通常成"2+1"式分组设置，最大和最小靠近栽植成一组，中等树木稍离远些栽成另一组，两组之间具有动势呼应，整体造型呈不对称式均衡。若三株树木为两种，则同种的两株分居两组，而且单独一组的树木体量要小，这样的丛植景观才具有既统一又变化的艺术效果。

（三）四株树丛

四株树木组合设计宜用一种或两种树木。用一种树木时，在形态、大小、距离上求变化，用两种树木时，则要求同为乔木或灌木。布局时同种树以"3+1"式分组设置，三种中两株靠近，一株偏远，方法同三株组合，单株一组通常为第二大树。整体布局可呈不等边三角形或四边形。选用两种树木时，树量比为3:1。仅一株的树种，其体量不宜最小或最大，也不能单独一组布置，应与另一种树木进行"2+1"式组合配植。

（四）五株树丛

三株组与二株组五株树木组合设计，若为同一树种，则树木个体形态、动势、间距各有不同，并以"3+2"各自组合方式同三株树丛和二株树丛。五株树丛亦可采用"4+1"式组合配植，其中单株组树木不能为最大，两组距离不宜过远，动势上要有联系，相互呼应。五株树丛若用两种树木，株数比以3:2为宜，在分组布置时，最大树木不宜单独成组。

树丛配植，株数越多，组合布局就越复杂，但再复杂的组合都是由最基本的组合方式所构成。因此，树丛设计仍然在于统一中求变化，差异中求调和。树丛树木株数少，种类也宜少，树木较多时，方可增加树种，但一般10~15株的树丛，树种也不宜超过5种。

树丛设计适用于大多数树种，只要充分考虑环境条件和造景构图要求以及树木形态特征与生态习性，皆可获得优美的树丛景观。各类园林绿地树丛的常用树种有紫杉、冷杉、金钱松、银杏、雪松、龙柏、桧柏、水杉、白玉兰、紫薇、栾树、七叶树、红视、鸡爪槭、紫叶李、桂花、棕榈、杜鹃、海桐、苏铁、丝兰、凤尾兰、大王椰子、石榴、石楠、梧桐树、榉树、南洋杉、紫玉兰、琼花等。

四、树群设计

树群是指由几十株树木组合种植的树木群体景观。树群所表现的是树木较大规模的群体形象美（色彩、形态等），通常作为园林景观艺术构图的主景之一或配景等。树群可为一个种群，也可为一个群落。

（一）树群设计形式

树群设计形式有单纯树群和混交树群两种。单纯树群只有一种树木，其树木种群景观特征显著，景观规模与气氛大于树丛，一般郁闭度较高。混交树群由多种树木混合组成一定范围树木群落景观，它是园林树群设计的主要形式，具有层次丰富，景观多姿多彩、持久稳定等优点。树群一般仅具观赏和生态功能，树群内不做休息蔽荫使用，但在树冠开展的乔木树群边缘，可设置休息设施，略具遮阳作用。

（二）树群结构

混交树群具有多层结构，通常为四层，即乔木层、亚乔木层、大灌木层和小灌木层。还有多年生草本地被植物，有时也称之为"第五层"。树群各层分布原则是乔木层位于树群中央，其四周是亚乔木层，而大、小灌木则分布于树群的最外缘。这种结构不致相互遮挡，每一层都能显露出各自的观赏特征，并满足各层树木对光照等生存环境条件的需求。

（三）树群树种选择与应用环境

混交树群设计，乔木层树种要求树冠姿态优美，树群冠际线富于变化；亚乔木层树木最好开花繁茂或具有艳丽的叶色；灌木层以花灌木为主，适当点缀常绿灌木。

树群树种设计须考虑群落生态，选用适宜的树种。如乔木层多为阳性树种；亚乔木层为稍能耐阴的阳性树种或中性树种；灌木层多为半阴性或阴性树种。在寒冷地区，相对喜暖树种则必须布置在树群的南侧或东南侧。只有充分考虑环境生态，才能实现设计愿望，获得较稳定的树木群落景观。

树群一般设计应用于具有足够观赏视距的环境空间里，如近林缘的开阔草坪上、土丘或缓坡地、湖心小岛以及开阔的水滨地段等。观赏视距至少为树群高度的 4 倍或树群宽度的 1.5 倍以上，树群周围具有一定的开敞活动空间。树群规模不宜太大，一般以外缘投影轮廓线长度不超过 60m，长宽比不大于 3∶1 为宜。

五、树林设计

树林是指成片、成块种植的大面积树木景观。如综合性公园安静休息区休憩林、风景游览区的风景林（如彩叶林）以及城市防护绿地中的卫生防护林、防风林、引风林、水土保持林、水源涵养林等。树林据其结构和树种不同可分为密林、疏林、单纯林和混交林等。根据形态不同，可分为片状树林和带状树林（又称林带），各种类型的树林景观设计要求各不相同。

（一）密林

密林是指郁闭度较高的树林景观，一般郁闭度为70%~100%。密林又有单纯密林和混交密林之分。单纯密林具有简洁、壮观的特点，但层次单一，缺乏季相景观变化。单纯密林一般选用观赏价值较高、生长健壮的适生树种，如马尾松、油松、白皮松、水杉、枫香、桂花、黑松、梅花、毛竹等。混交密林具有多层结构，通常3~4层。大面积的混交密林不同树种多采用片状或块状、带状混交布置，面积较小时采用小片状或点状混交设计，以及常绿树与落叶树相混交。

密林平面布局与树群基本相似，只是面积和树木数量较大。单纯密林无须做出所有树木单株定点设计，只做小面积的树林大样设计，一般大样面积为25m×20m~25m×40m。在树林大样图上绘出每株树木的定植点，注明树种编号、株距，编写植物名录和设计说明。树林大样图比例一般为1:100~1:250，设计总平面图比例一般为1:500~1:1000，并在总平面图上绘出树林边缘线、道路、设施及详图编号等。

（二）疏林

疏林的郁闭度为40%~60%。疏林多为单纯乔木林，也可配植一些花灌木，具有舒适明朗，适合游憩活动的特点，公共庭园绿地中多有应用。如在面积较大的集中绿地中常设计布局疏林，夏日可蔽荫纳凉，冬季也能进行日光浴，还适合林下野餐、打拳练功、读书看报等，所以是深受人们喜爱的景园环境之一。疏林可根据景观功能和人活动使用情况不同设计成三种形式，即疏林草地、疏林花地和疏林广场。

六、林带设计

在园林绿地中，林带多应用于周边环境、路边、河滨等地。一般选用1~2种树木，多为高大乔木，树冠枝叶繁茂，具有较好的遮阳、降噪、防风、阻隔遮挡等功能。林带一般郁闭度较高，多采用规则式种植，亦有不规则形式。株距视树种特性而定，一般1~6m。小乔木窄冠树株距较小，树冠开展的高大乔木则株距较大。总之，以树木成年后树冠能交接为准。林带设计常用树种有水杉、杨树、栾树、桧柏、山核桃、刺槐、火炬松、白桦、银杏、柳杉、池杉、落羽杉、女贞等。

七、植篱设计

植篱是指由同一种树木（多为灌木）做近距离密集列植成篱状的树木景观。园林绿地中，植篱常用作边境界、空间分隔、屏障，或作为花坛、花境、喷泉、雕塑的背景与基础造景内容。

（一）植篱设计形式

1. 矮篱

设计高度在50cm以下的植篱称为矮篱。矮篱因高度较低，常人可以轻易跨越。因此，一般用作象征性绿地空间分隔和环境绿化装饰。如花境边缘、花坛和观赏草坪镶边等常设计矮篱。

2. 中篱

设计高度在50~120cm的植篱称为中篱。中篱因具一定高度，常人一般不能轻易跨越，所以具有一定空间分隔作用。中篱也是园林中常用的植篱形式。如绿地边界划分、围护、绿地空间分隔、遮挡不高的挡土墙面以及植物迷宫等常用中篱。中篱设计宽度一般为40~100cm，种植1~2列篱体植物，篱体较宽时采用双列交叉种植，株距30~50cm，行距30~40cm。

3. 高篱

设计高度在120~150cm的植篱称为高篱。高篱因高度较高，常人一般不能跨越。所以，高篱常用做园林绿地空间分隔和防范，也可用做障景，或用做组织游览路线。一般人的视线可以水平通过篱顶，所以仍然存在景观空间联系。高篱设计宽度一般60~120cm，种植1~2列树木，双列交叉种植。株距50cm左右，行距40~60cm。

4. 树墙

设计高度在150cm以上的植篱称树墙，因多选用常绿树种，所以也称绿墙。树墙的高度超过了一般人的视高（150cm），所以树墙具有视线阻挡作用，在景园绿地中常用来进行空间分隔和屏障视线，以分隔不同的功能空间，减少相互干扰，遮挡、隐蔽不美观的构筑物及设施等。树墙也可用来做自然式与规则式绿地空间的过渡处理，使风格不同，对比强烈的布局形式得到调和。另外，树墙做背景也具有良好的效果。

5. 常绿篱

采用常绿树种设计的植篱，称常绿篱，也简称篱。常绿篱通常虽无花果之艳，但整齐素雅，造型简洁，是绿地中运用最多的植篱形式。常绿篱通常需定期修剪整形，种植方式同一般植篱。

6. 花篱

设计树种为花灌木的植篱又称花篱。花篱除一般绿篱功能外，还具有较高的观花价值，或享受花朵之芳香。花篱种植形式与一般植篱基本相同，不同之处在于为使植物多开花，花篱一般不做或少做规则式修剪造型。

7. 果篱

设计时采用观果树种，能结出许多果实，并具有较高观赏价值的植篱又称果篱或观果篱。果篱与花篱相似，一般也不做或少做规则整形修剪，以尽量不影响结果观赏。

8. 刺篱

设计时选用多刺植物配植而成的植篱又称刺篱。刺篱的主要功能是边界防范，阻挡行人穿越绿地，有时也兼有较好的观赏功能。

9. 彩叶篱

以彩叶树种设计的植篱又称彩叶篱。彩叶篱色彩亮丽，运用于庭园环境，具有较好的绿化美化装饰功能。彩叶篱种植形式同一般植篱，一般也不做整形修剪。

10. 蔓篱

设计一定形式的篱架，并用藤蔓植物攀缘其上所形成的绿色篱体景观称为蔓篱。蔓篱主要用来围护和创造特色篱景。

11. 编篱

将绿篱植物枝条编织成网格状的植篱又称编篱，目的是增加植篱的牢固性和边界防范效果，避免人或动物穿越。有时亦能创造一定特色篱景。

（二）植篱造型设计

植篱造型设计一般有几何型、建筑型和自然型三种。

1. 几何型

又称平直型，篱体呈几何体型，篱面通常平直，篱体断面一般为矩形、梯形、折形、圈形等。几何型是植篱最常见的造型形式，可用于矮篱、中篱、高篱、绿篱等。几何型植篱需定期修剪造型。几何型植篱尽端若不与建筑物或其他设施连接时，一般需做端部造型处理，以便显得美观、得体。

2. 建筑型

是将篱体造型设计成城墙、拱门、云墙等建筑式样。建筑型植篱可用于中、高植篱和树墙，多选用常绿树种，需定期造型修剪。

3. 自然型

植篱树木自然生长，不做规则式修剪造型，或在生长过程中稍做整理，篱体形态自然，通常以花、叶、果取胜。多用于花篱、彩叶篱、果篱、刺篱等。

八、花卉造景设计

（一）花坛设计

1. 独立花坛

在绿地中作为局部空间构图的一个主景而独立设置于各种场地之中的花坛称为独立花坛。独立花坛的外形轮廓一般为规则几何形，如圆形、半圆形、三角形、正方形、长方形、椭圆形、五角形、六角形等，其长短轴之比一般小于3∶1。

独立花坛一般布置于广场中央、道路交叉口、大草坪中央以及其他规则式景园绿地空间构图中心位置。独立花坛面积不宜太大，通常以轴对称或中心对称设计，可供多面观赏，呈封闭式，人不能进入其中，一般多设置于平地，也可布置于坡地。根据花卉景观内容不同，独立花坛又有盛花花坛、模纹花坛和混合花坛三种设计形式。

2. 组合花坛

组合花坛又称花坛群，是指由多个花坛按一定的对称关系近，距离组合而成的一个不可分割的花卉景观构图整体。各个花坛呈轴对称或中心对称。呈轴对称时，各个花坛排列于对称轴两侧；呈中心对称时，各花坛围绕一个对称中心，规则撑列。轴对称的纵、横轴的交点或中心对称的对称中心就是组合花坛景观的构图中心。在构图中心上可以设计一个花坛，也可以设计喷水池、雕塑、纪念碑或铺装场地等。

组合花坛多用于较大的规则式绿地空间花卉造景设计，也可设置在大型建筑广场以及公共建筑设施前。组合花坛的各个花坛之间的地面通常铺装，还可设置坐凳、座椅或直接将花坛植床床壁设计成坐凳，人们可以进入组合花坛内观赏、休息。

3. 带状花坛

设计宽度在 1m 以上，长宽比大于 3：1 的长条形花坛称为带状花坛。园林绿地中，带状花坛可作为连续空间景观构图的主体景观来运用，具有较好的环境装饰美化效果和视觉导向作用。如较宽阔的道路中央或两侧、规则式草坪边缘、建筑广场边缘、建筑物墙基等处均可设计带状花坛。

4. 连续花坛群

由独立花坛、带状花坛、组合花坛等不同形式多个花坛沿某一方向布局排列，组成有节奏的、不可分割的连续花卉景观构图整体，称为连续花坛群。连续花坛群通常运用于较大的庭园绿地空间，如大型建筑广场、休闲广场，具有一定规模的规则式或混合式游憩绿地等。连续花坛群可布置于同一地平面或斜面上，也可成阶梯式布局。阶梯式布局时可与跌水等景观内容结合设计应用。连续花坛群一般按一定轴线布局设计，并常以独立花坛、喷水池、雕塑来强调连续景观构图的起点、高潮和结尾。

5. 沉床花坛

沉床花坛是设计于低凹处，植床低于周围地面的花坛，又称下沉式花坛。设计沉床花坛，可以不借助于登高而能俯视花坛景观，从而取得较好的观赏效果。沉床花坛多设计成模纹花坛，面积不宜过大。设计时要特别注意排水问题，必要时可考虑动力排水方案。沉床花坛一般结合下沉式广场设计，可应用于游憩绿地、休闲广场等。

6. 浮水花坛

浮水花坛是指采用水生花卉或可进行水培的宿根花卉设计布置于水面之上的花坛景观，也称水上花坛。浮水花坛设计选择水生花卉（多为浮水植物）时不用种植载体，直接用围边材料（如竹木、泡沫塑料等轻质浮水材料）将水生花卉围成一定形状。设计选择可水培宿根花卉时则除花坛围边材料外，还需使用浮水种植载体，将花卉植物固定直立生长于水面之上。整个花坛可通过水下立桩或绳索固定于水体某处，也可在水面上自由漂浮，别具一番特色。浮水花坛使用的植物有风跟莲、水浮莲、美人蕉以及一些禾本科草类等。

为了突出表现花坛的外形轮廓和避免人员踏入，花坛植床一般设计高出地面。植床设计形式多样，有平面式、龟背式、阶梯式、斜面式、立体式等。花坛植床围边一般高出周围地面 10cm，大型花坛可高至 30~40cm，以增强围护效果。厚度因材而异，一般 10cm 左右，大型高围边可以适当增宽至 25~30cm。兼有坐凳功能的床壁通常较宽些。

花坛植床边缘通常用一些建筑材料做围边或床壁，如水泥砖、块石、圆木、竹片、钢质护栏、黏土砖、废旧电瓷瓶等，设计时可因地制宜，就地取材。一般要求形式简单，色彩朴素，以突出花卉造景。

（二）花台设计

花台是在较高的（一般 40~100cm）空心台座式植床中填土或人工基质，主要种植草花所形成的景观。花台一般面积较小，适合近距离观赏，以表现花卉的色彩、芳香、形态以及花台造型等综合美。花台多为规则形，亦有自然形。

1. 规则形花台

花台种植台座外形轮廓为规则几何形体，如圆柱形、棱柱形以及具有几何线条的物体形状（如瓶状、碗状）等。常设计运用于规则式景园绿地的小型活动休息广场、建筑物前、建筑墙基、墙面（又称花斗）、围墙墙头等。用于墙基时多为长条形。

规则形花台可以设计为单个花台，也可以由多个台座组合设计成组合花台。组合花台可以是平面组合（各台座在同一地面上），也可以是立体组合（各台座位于不同高度、高低错落）。立体组合花台设计既要注意局部造型的变化，又要考虑花台整体造型的均衡和稳定。

规则形花台还可与座椅、坐凳、雕塑等景观、设施结合起来设计，创造多功能的庭园景观。规则形花台台座一般用砖砌成一定几何形体，然后用水泥砂浆粉刷，也可用水磨石、马赛克、大理石、花岗岩、贴面砖等进行装饰。还可用块石干砌，显得自然、粗犷或典雅、大方。立体组合花台台座有时需用钢筋混凝土现浇，以满足特殊造型与结构要求。

规则形花台台座一般比花坛植床造型要丰富华丽一些，以提高观赏效果，但也不应设计得过于艳丽，不能喧宾夺主，偏离花卉造景设计的主题。

2. 自然形花台

花台台座外形轮廓为不规则的自然形状，多采用自然山石叠砌而成。我国古典庭园中花台绝大多数为自然形花台。台座材料有湖石、黄石、宜石、英石等，常与假山、墙脚、自然式水池等相结合或单独设置于庭院中。

自然形花台设计时可自由灵活，高低错落，变化有致，易与环境中的自然风景协调统一。台内种植草本花卉和小巧玲珑、形态别致的木本植物，如沿阶草、石蒜、萱草、松、竹、梅、牡丹、芍药、南天竹、月季、玫瑰、丁香、菊花等。还可适当配置点缀一些假山石，如石笋石、斧劈石、钟乳石等，创造具有诗情画意的园林景观。

（三）花境设计

花境是以多年生草花为主，结合观叶植物和一二年生草花，沿花园边界或路缘设计布置而成的一种园林植物景观。花境外形轮廓较为规整，内部花卉的布置成丛或成片，自由变化，多为宿根、球根花卉，亦可点缀种植花灌木、山石、器物等。

花境是介于规则式与自然式之间的一种带状花卉景观设计形式，也是草花与木本植物结合设计的景观类型，广泛运用于各类绿地，通常沿建筑物基础墙边、道路两侧、台阶两旁、挡土墙边、斜坡地、林缘、水畔池边、草坪边以及与植篱、花架、游廊等结合布置。

花境植物种植，既要体现花卉植物自然组合的群体美，又要注意表现植株个体的自然美，尤其是多年生花卉与花灌木的运用，要选择花、叶、形、香等观赏价值较高的种类，并注意高低层次的搭配关系。双向观赏的花境，花灌木多布置于花境中央，其周围布置较高一些的宿根花卉，最外缘布置低矮花卉，边缘可用矮生球根、宿根花卉或绿篱植物设计嵌边，提高美化装饰效果。花卉可成块、成带或成片布置，不同种类交替变化。

单向观赏花境种植设计前低后高，有背景衬托的花境则还要注意色彩对比等。

花境植床与周围地面基本相平，中央可稍稍凸起，坡度5%左右，以利排水。有围边时，植床可略高于周围地面。植床长度依环境而定，但宽度一般不宜超过6m。单向观赏花境宽2~4m，双向观赏花境宽4~6m。

九、草坪设计

（一）草坪设计类型

草坪设计类型多种多样。按草坪功能不同，可分为观赏草坪、游憩草坪、体育草坪、护坡草坪、飞机场草坪和放牧草坪等；按草坪组成成分，分为单一草坪、混合草坪和缀花草坪；按草坪季相特征与草坪草生活习性不同，分为夏绿型草坪、冬绿型草坪和常绿型草坪；按草坪与树木组合方式不同，分为空旷草坪、闭锁草坪、开朗草坪、稀疏草坪、疏林草坪和林下草坪；按规划设计的形式不同，分为规划式草坪和自然式草坪；按草坪景观形成不同，分为天然草坪和人工栽培草坪；按使用期长短不同，分为永久性草坪和临时性草坪；按草坪植物科属不同，分为禾草草坪和非禾草草坪等。

（二）草坪应用环境

草坪在现代各类景园绿地中应用广泛，几乎所有的空地都可设置草坪，进行地面覆盖，防止水土流失和二次飞尘，或创造绿毯般的富有自然气息的游憩活动与运动健身空间。但不同的环境条件和特点，对草坪设计的景观效果和使用功能具有直接的影响。

就空间特性而言，草坪是具有开阔明朗特性的空间景观。因此，草坪最适宜的应用环境是面积较大的集中绿地，尤其是自然式的草坪绿地景观面积不宜过小。对于具有一定面积的花园，草坪常常成为花园的中心，具有开阔的视线和充足的阳光，便于户外活动使用。许多观赏树木与草花错落布置于草坪四周，可以很好地体现景园植物景观空间功能与审美特性。

就环境地形而言，观赏与游憩草坪适用于缓坡地和平地，山地多设计树林景观。陡坡设计草坪则以水土保持为主要功能，或作为坡地花坛的绿色基调。水畔设计草坪常常取得良好的空间效果，起伏的草坪可以从山脚一直延伸到水边。

（三）草坪植物选择

草坪植物的选择应依草坪的功能与环境条件而定。游憩活动草坪和体育草坪应选择耐践踏、耐修剪、适应性强的草坪草，如狗牙根、结缕草、马尼拉、早熟禾等。干旱少雨地区则要求草坪草具有抗旱、耐旱、抗病性强等特性，以减少草坪养护费用，如假俭草、狗牙根、野牛草等。观赏草坪则要求草坪植株低矮，叶片细小美观；叶色翠绿且绿叶期长等，如天鹅绒、早熟禾、马尼拉、紫羊茅等。护坡草坪要求选用适应性强、耐旱、耐瘠薄、根系发达的草种，如结缕草、白三叶、百喜草、假俭草等。湖畔河边或地势低凹处应选择耐湿草种，如剪股颖、细叶苔草、假检草、两耳草等。树下及建筑阴影环境选择耐阴草种，如两耳草、细叶苔草、羊胡子草等。

（四）草坪坡度设计

草坪坡度大小因草坪的类型、功能和用地条件不同而异。

1. 体育草坪坡度

为了便于开展体育活动，在满足排水的条件下，一般越平越好，自然排水坡度为 0.

2%~1%。如果场地具有地下排水系统，则草坪坡度可以更小。

第一，网球场草坪。草地网球场的草坪由中央向四周的坡度为0.2%~0.8%，纵向坡度大一些，而横向坡度则小一些。

第二，足球场草坪。足球场草坪由中央向四周坡度以小于1%为宜。

第三，高尔夫球场草坪。高尔夫球场草坪因具体使用功能不同而变化较大，如发球区草坪坡度应小于0.5%，果岭（球穴区或称球盘）一般以小于0.5%为宜，障碍区则可起伏多变，坡度可达到15%或更高。

第四，赛马场草坪。直道坡度为1%~2.5%，转弯处坡度7.5%，弯道坡度5%~6.5%，中央场地草坪坡度1%左右。

2. 游憩草坪坡度

规则式游憩草坪的坡度较小，一般自然排水坡度以0.2%~5%为宜。而自然式游憩草坪的坡度可大一些，以5%~10%为宜，通常不超过15%。

3. 观赏草坪坡度

观赏草坪可以根据用地条件及景观特点，设计不同的坡度。平地观赏草坪坡度不小于0~2%，坡地观赏草坪坡度不超过50%。

十、水体种植设计

（一）水体种植设计原则

1. 水生植物占水面比例适当

在园林河湖、池塘等水体中进行水生植物种植设计，不宜将整个水面占满。否则会造成水面拥挤，不能产生景观倒影而失去水体特有的景观效果。也不要在较小的水面四周种满一圈，避免单调、呆板。因此，水体种植布局设计总的要求是要留出一定面积的活泼水面，并且植物布置有疏有密、有断有续，富于变化，使水面景色更为生动。一般较小的水面，植物占据的面积以不超过1/3为宜。

2. 因"水"制宜

选择植物种类设计时要根据水体环境条件和特点，因"水"制宜地选择合适的水生植物种类进行种植设计。如大面积的湖泊、池沼设计时观赏结合生产，种植莲藕、芡实、芦苇等；较小的庭园水体，则点缀种植水生观赏花卉，如荷花、睡莲、王莲、香蒲、水葱等。

3. 控制水生植物生长范围

水生植物多生长迅速，如不加以控制，会很快在水面上蔓延，影响整个水体景观效果。因此，种植设计时，一定要在水体下设计限定植物生长范围的容器或植床设施，以控制挺水植物、浮叶植物的生长范围。漂浮植物则多选用轻质浮水材料（如竹、木、泡沫草索等）制成一定形状的浮框，水生植物在框内生长，框可固定于某一地点，也可在水面上随处漂移，成为水面上漂浮的绿洲或花坛景观。

（二）水生植物种植法

景园中大面积种植挺水或浮叶水生植物，一般使用耐水建筑材料，根据设计范围，沿范围边缘砌筑种植床壁，植物种植于床壁内侧。较小的水池可根据配植植物的习性，在池底用砖石或混凝土做成支墩以调节种植深度，将盆栽或缸栽的水生植物放置于不同高度的支墩上。如果水池深度合适，则可直接将种植容器置于池底。

（三）水体岸边种植布置

在园林水体岸边，一般选用姿态优美的耐水湿植物，如柳树、木芙蓉、池杉、素馨、迎春、水杉、水松等进行种植设计，美化河岸、池畔环境，丰富水体空间景观。种植低矮的灌木，以遮挡河池驳岸，使池岸含蓄、自然、多变，并创造丰富的花本景观。种植高大乔木，主要创造水岸立面景色和水体空间景观对比构图效果，同时获得生动的倒影景观。也可适当点缀亭、榭、桥、架等建筑小品，进一步增加水体空间景观内容和游憩功能。

十一、攀缘植物种植设计

（一）设计形式

1. 附壁式

攀缘植物种植设计于建筑物墙壁或墙垣基部附近，沿着墙壁攀附生长，创造垂直立面绿化景观。这是占地面积最小，而绿化面积大的一种设计形式。根据攀缘植物习性不同，又分直接贴墙式和墙面支架式两种。

第一，直接贴墙式是指将具有吸盘或气生根的攀缘植物种植于近墙基地面或种植台内，植物直接贴附于墙面，攀缘向上生长，如地锦（爬墙虎）、五叶地锦（美国地锦）、凌霄、薜荔、络石、扶芳藤等。

第二，墙面支架式是指植物没有吸盘或气根，不具备直接吸附攀缘能力，或攀附能力较弱时，在墙面上架设攀缘支架，供植物顺着支架向上缠绕攀附生长，从而达到墙壁垂直绿化的目的，如金银花、牵牛花、茑萝、藤本月季等。

2. 廊架式

利用廊架等建筑小品或设施作为攀缘植物生长的依附物，如花廊、花架等。廊架式通常兼有空间使用功能和环境绿化、美化作用。廊架材料可用钢筋砼、钢材、竹木等。

廊架式植物种植设计，一般选用一种攀缘植物，根据廊或架的大小种植一株或数株于边缘地面或种植台中。若为了丰富植物种类，创造多种花木景观，也可选用几种形态与习性相近的植物，如蔷薇科的多花蔷薇、木香、藤本月季等可配植于同一廊架。

3. 篱垣式

利用篱架、栅栏、矮墙垣、铁丝网等作为攀缘植物依附物的造景形式。篱垣式既有围护防范功能，又能很好地美化装饰环境。因此，园林绿地中各种竹、木篱架、铁栅矮墙等多采用攀缘植物绿化美化。常用植物有金银花、蔷薇、牵牛花、茑萝、地锦、云实、藤本月季、常春藤、绿萝等。

4. 立柱式

攀缘植物依附柱体攀缘生长的垂直绿化设计形式。柱体可以是各种建筑物的立柱，也可以是园林环境中的电信电缆立杆等其他柱体。攀缘植物或靠吸盘、不定根直接附着柱体生长，或通过绳索、铁丝网等攀缘而上，形成垂直绿化景观。常见攀缘植物有美国地锦、凌霄、金银花、络石、薜荔等。

5. 垂挂式

在建筑物的较高部位设计种植攀缘植物，并使植物茎蔓垂挂于空中的造景形式。如在屋顶边沿、遮阳板或雨篷上、阳台或窗台上、大型建筑物室内走马廊边等处种植攀缘植物，形成垂帘式的植物景观。垂挂式种植须设计种植槽、花台、花箱或进行盆栽。常用植物有迎春、素馨、常春藤、凌霄、五叶地锦、雀梅藤、络石、美国凌霄、炮仗花等。

（二）攀缘植物选择

攀缘植物多种多样，形态习性、观赏价值各有不同。因此，在设计应用时须根据具体景观功能、生态环境和观赏要求等做出不同选择。以绿化覆盖建筑物墙面、遮挡夏季太阳光对墙体照射、降低室内温度为主要功能时，应选择枝叶茂密、攀缘附着能力强的大型攀缘植物，如地锦、五叶地锦、常春藤等；用于夏季庭园遮阳的棚架，最好选择生长健壮、枝叶繁茂的植物，如紫藤、葡萄、三角花等；简易或临时棚架则可选用生长迅速的一年生草本攀缘植物，如丝瓜等，更为经济实用。园林景观生态环境各种各样，不同植物对生态环境要求也不相同。

因此，设计时要注意选择适生攀缘植物。如墙面绿化，向阳面要选择喜光耐旱的植物；而背阴面则要选择耐阴植物。南方多选用喜湿树种，北方则必须考虑植物的耐寒能力。以美化环境为主要种植目的，则要选择具有较高观赏价值的攀缘植物，并注意与攀附的建筑、设施的色彩、风格、高低等配合协调，以取得较好的景观效果。如灰色、白色墙面，选用秋叶红艳的植物就较为理想。要求有一定彩化效果时，多选用观花植物，如多花蔷薇、三角花、凌霄、紫藤等。

第六章 园林景观小品构造设计

第一节 标识牌

一、标识牌分类

标识牌，顾名思义就是用于制作标识的指示牌，上面有文字、图案等内容起到指明方向和警示的作用。它可以使管理和服务信息得到形象、具体、简明的表达，同时还表达了难以用文字描述的内容。按照标识的内容不同，通常分为如下五种：

（一）识别性标识

识别性标识又可称为"定位标识"，是标识系统中最基础的部分，例如城市的标识、设施标识等等。凡是以区别为目的的标识设施都属于识别性标识。

（二）导向性标识

导向性标识即通过标示方向来说明环境的导视部分。此类标识通常出现在城市环境公共空间，如道路、交通系统等。

（三）空间性标识

空间性标识即在视觉或其他感官上通过地图或道路图等工具描述环境空间构成，从而使人脑产生相应映像的标识。

（四）信息性标识

信息性标识多以叙述性文字的形式出现，为的是对图像信息进行必要补充，以及对容易产生歧义的部分进行准确解释。

（五）管理性标识

管理性标识以提示法律法规和行政规划为目的的部分，景区常见的"请勿摘花"等警示牌就属于这种。

二、标识牌设计原则

（一）规范性原则

为了向不确定的公众人群提供必需信息，标识牌的设计必须遵循规范性设计原则。规范性是指在标识设计时用于表达信息内容的信息载体，比如文字、语言、图形、符号等，必须符合国家相关的规范和标准，而不宜采用繁体字、手写字、自创符号等可能对公众接受与理解产生负面影响的信息载体表达方式。只有符合规范性设计原则，才能保证标识系统所传递的信息对绝大多数人群的接受性和理解性。

（二）醒目性原则

醒目性原则即在视野中，标志较其背景更容易引起注意的程度。醒目性主要考虑的内容是标识牌本身及其背景之间的关系。在标识牌的规划设计中，标识牌与周围环境的统一协调是标识设计的整体目标。但标识不能过分与环境中各元素类似，要具有足够的可识别性。

（三）简单性原则

标识牌的简单性原则要求用于信息载体的文字与图形必须简单、直接，为了加快人群的阅读理解速度，尽可能的去掉一些可有可无的文字与图形，应该具有相当的简易性而易于理解和接受。如果标识的信息过于复杂，人们将不得不在众多信息之间进行选择、确认与记忆，结果给人们的定位和定向带来不便；如果标识的信息量过少，则有可能会影响标识信息的全面性。所以，标识应该具有合理、科学的信息量。至于标识的信息质量，主要是指文字、图形等信息载体之间的组织与设置问题。标识应该注重信息符号在造型与构图上的排列组合问题，符合人们的阅读习惯和视线移动顺序，整齐有序的信息符号排列组合方式，有助于减少人们的注视时间和加快阅读理解速度。

标识牌的简单性原则还要求用来反映信息的文字与图形必须正确、明确。一方面，标识文字与图形给人群传达的信息必须符合实际情况，必须确保正确性，错误的信息将带来严重的后果；另一方面，标识文字与图形应该表达出相当确切的信息，切勿使用带有歧义的文字与图形。

（四）协调性原则

标识系统中文字、图形、符号等信息载体的大小尺寸应该与人们的阅读距离保持协调性，是协调性设计原则的要求之一。标识信息载体的大小尺寸，在确保人们能够看清楚的前提下，还要追求阅读的舒适性。一般而言，大尺度的空间要求标识阅读距离相应大一些，标识信息载体也应该适当大一些；小尺度的空间中标识阅读距离相应小一些，标识信息载体也可以适当小一些。另外，标识信息载体的大小尺寸，还要考虑人群是在移动状态下还是在静止状态下阅读的因素，大小是相对的，应该根据视知觉的一般原理与特征，并结合具体情况而定。

三、标识牌常用材料和构造设计实例

标识牌常用的材料有木材、金属、亚克力、混凝土、玻璃和石材等，材料的选择需要注意与环境的协调，不同材料的构造特征如下。

（一）木材

木质标识牌能给人清新自然的视觉感受，与周围的环境融为一体，因而作为景区标识牌的材料被广泛地运用。选料的时候一定要选择充分干燥的木材，并做好防腐处理。最好不要让防腐木制作的标识牌直接接触土壤及潮湿环境，在底部与地面连接的构造节点处，可以使用预埋钢构件与混凝土基础相连，避免与潮湿的环境直接接触。

（二）亚克力

塑料（亚克力、树脂玻璃、聚碳酸酯等）多用于制作标识牌嵌板和面层。由于它具有明快持久的色彩，以及适用于内打光标识牌的半透明的特性，因而从 20 世纪 50 年代这种材料就开始流行起来。它可以造型、弯曲、真空成型，可以黏接或上漆。用于户外，亚克力材料的耐久年限一般为 5~25 年。

（三）金属

20世纪90年代流行的材料——铝，通常用于标识牌的箱体、面板和字母。它可以通过适合的木工工具进行切割，可以焊接、电镀和涂色，以形成无接缝的表面。通过油漆或阳极电镀之后，它也可以破例用于室外（10~20年）。它还能进行砂型铸造（将材料熔化），用于制作装饰牌或立体字。另外，铁加工造型方便，铁艺也是一种常用的标识牌制作的方式。制作铁之标识牌时，可以在表面喷涂氟碳漆，避免铁直接暴露在空气中发生氟化。标识牌立柱基础与土壤接触时，同样需要避免铁直接与土壤接触，构造处理上可将立柱与预埋混凝土基础底座内的镀锌铁板焊接。

（四）混凝土

在环境平面设计中有两种基本的混凝土作业：预制和现浇。预制用于小型的装饰作业，如成型。现浇则按照现场的建造形式，用混凝土往里填充。

（五）玻璃

可用于标识牌制作的玻璃种类很多，包括水晶玻璃和有色玻璃，前者没有色彩，而后者在一侧有色彩层。其他的玻璃产品诸如彩色玻璃、双色玻璃多用于重点部分和制造特殊效果。

（六）石材

石头、砖和岩石用于标识和展示工程属于永久性的材料，通常作为背景或结构成分。石材可以磨光，具有光亮的装饰感。砖是人工制造的、有色的、类似混凝土感觉的材料，通常是许多砖铺砌在一起形成一种重复的图案。石头、砖和岩石有上千个种类。石工作业的费用颇高，因而这些材料通常被模拟，如使用人造饰材或用其他廉价材料模仿石材质感，尤其是在关注外观多于耐久性的情况下。

第二节　座椅

一、座椅分类

座椅从形式上可以分为如下形式：

（一）直线形

直线形座椅制作简单，造型简洁，下部一般向外倾斜，扩大了底脚面积，给人一种稳定的平衡感。

（二）曲线形

曲线形座椅柔和流畅，和谐生动，自然得体，从而取得变化多样的艺术效果。

（三）组合型

组合型座椅刚柔相济且富有对比变化，完美的结合，做成传统亭廊靠椅，也别有神韵。

另外，座椅按照材料还可以分为木质类、混凝土类、砖材类、金属类、塑料类、陶瓷类等座椅。

二、座椅设计原则

（一）位置选择

座椅是景观中最基本的设施，布置座椅需要仔细设计。一般来说，在具有良好视野且具有一定安全性和防护性的地段设置座椅；同时，还需要为游人提供一些辅助性的座椅，如台阶、花池、矮墙等。根据"场所精神"的解释，人们更乐于在空地或者绿地边缘停留或活动，因此沿建筑四周和空间边缘设置的座椅比在场所正中间设置的座椅更受欢迎。

在游览路线上设置座椅时，首先需要考虑游人体力，按一定距离在适当的地点设置座椅；座椅还可点缀环境，在优美景致的周围，林间花畦、水边、崖边、山顶等处，都是适宜设置座椅的好地方，这些场地不仅环境优美，而且有景可赏，使游人在休憩的时候还可以欣赏周围景色；在大量：人流活动的景观点也应设置座椅，如各种活动场所周围、出入口、小广场周围等。

（二）设置方式

1. 位于道路两侧的位置

道路两侧的座椅应设置在人流路线以外，以免影响休憩、妨碍交通，在其他地段（如道路转弯处）设置座椅也需遵循这一原则。同时，座椅宜交错布置，切忌正面相对，否则互相影响，降低座椅的使用率。

2. 位于广场

由于广场一般有园路穿过，因此在广场上设置座椅时应采用周边式布置方法。这种布置有利于中间景物的独立性和人流穿过的通畅性，还有利于形成安静的休息空间。

3. 位于道路尽头

在道路尽头设置座椅时应力求构成较安静的私密空间或小型活动的聚会空间。

4. 其他场所

在亭、廊、花架等休憩场所设置座椅时，经常布置于两柱之间。在小型景观建筑周围设置时，通常将座椅依托于花池或者建筑的外墙并向外延伸，既成为建筑室内空间的延伸，又保持室内外的延续性。此外，设计师应充分利用环境特点，结合草坪、山石、树池、花池等设置座椅，以取得与景观相融合的良好效果。

（三）尺寸要求

座椅的首要用途是供人休息，因此座椅的剖面形式和尺寸必须符合人体工学的要求，使人坐下后感到自然、舒服、放松。座椅的舒适程度往往取决于坐板与靠背的组合角度和各部分尺寸。

一般座椅尺寸的要求是坐凳高度为 350~450 mm，坐板水平倾角为 6°~7°，椅面深度为 400~600 mm，靠背与坐板夹角为 98°~105°，靠背高度为 350~650 mm，座位宽度为 600~700 mm/人。

三、座椅常用材料

随着现代材料工业的快速发展，出现了越来越多的景观座椅形式。古代的座椅多使用木材和石材，从 20 世纪开始，设计师多使用混凝土、金属等作为座椅的材料。利用材料不同的性质和功能，一方面可以设计出不同形态的景观座椅，另一方面也可以提高座椅的使用年限。

不同的材料有不同的特性（表 6-1），因此也有着不同的加工方法和工艺。材料的触感对座椅的舒适性有着直接的影响，下面就对不同的座椅材料进行简单的分析。

表6-1 各种座椅常用材料特性

类型	形态		特性	其他
石材	花岗石		质地坚硬，耐磨性、抗腐蚀性高，不易磨损	易形成几何造型、细部纹饰，难以加工
	石灰岩		常见的沉积岩类，较其他石材而言，它的吸水性高、内聚力低	易加工
	大理石		质地细腻，内聚力强，抗张力较弱，不耐高热，有光滑坚硬的表面	矿脉纹理光泽柔润、不易碎裂、易切割，多用于装饰面材
金属材料	黑色金属（钢、铁、铸铁、碳素钢、合金钢、特种钢）		硬度高、重最大	铸造冶金、冷热轧、焊接、退火处理等
	有色金属（铝、铜、锡、银及其他轻金属的合金）		硬度低、弹性大	由铝加入其他元素形成的铝合金具有密度小、强度高、耐腐蚀等特性，加压后被加工成管、板、型材
高分子材料	天然高分子材料		含纤维素、蛋白质等	作为增强剂、添加剂使用
	合成高分子材料		合成纤维、合成橡胶、塑料等	经常作为基础材料，形成复合材料
有机材料	木材	硬木、阔叶林类	多产于赤道周边地区，木纹明显、均匀、美观，木材含油量高	如桦木、红木、柚木、橡木、花梨木、胡桃木冰的柳等
		软木、针叶林类	产自高纬度地区，原料长直，木纹明显	易加工，如松木、杉木、杨木等
	竹材		具有坚硬的质地，抗拉、抗压力均优于木材，有切性，不易折断	竹材通过高温和外力的作用，能够做成各种弧线形，具有较强的地域性
复合材料	玻璃钢、混凝土等		可塑性强、抗腐蚀性高、不易损伤、适用广泛	易施工、制作

（一）木材

用于室外座椅的木材，由于心材和边材的胀缩率不一致，易出现翘曲、变形、开裂和腐朽的现象。另外，木材大多含有树脂，在室外环境中受日晒雨淋和使用过的磨损后，易使座椅表面产生斑点和脱落。要减轻或避免木质座椅的翘曲、变形、开裂等现象，关键在于选择合适的木材，并结合适当的加工技术、防腐处理和保养措施。随着加工技术的不断提高，木材黏结技术和弯曲技术得到了飞速的发展，座椅的形态也呈现多样化。

（二）石材

天然石材中，大理石的质地组织细密、坚实，花纹多样，色泽美观，抗压性强，吸水率低，耐磨，不变形，可磨光，但是大理石石板材硬度低、不耐风化，因此，座椅所采用的石材多以花岗石等石材为宜。需要注意的是石材吸热性强，且加工技术有限，不易进行灵活多样的造型。

（三）混凝土

混凝土具有坚固、经济、工艺加工方便等优点，利用混凝土的可塑性，可制作出不同纹理、不同造型的座椅，从而塑造出不同效果的小品设施。钢筋混凝土预制的座椅虽然结实、耐用，但是吸水性强，表面易风化，触感较差，在冬季不受人们的欢迎。同时，从环保的角度考虑，钢筋混凝土预制的座椅一旦被损坏，不易修补和回收，将对环境造成污染。

为克服混凝土自身缺点，可以将其与其他材料配合使用，如将钢筋制成网状，外浇混凝土构成座面；将混凝土与砂石混合磨光，形成平滑的座面等。随着工艺的发展，混凝土塑石以逼真的质感、别致的造型和较低的造价得到越来越广泛的应用。比如一种常见的方式是用混凝土模塑成树皮的外观，既能与传统园林景观相融合，又能在现代园林中广为应用。

（四）金属材质

金属材质具有良好的物理、机械性能，不仅资源丰富、价格低廉、加工工艺较好，而且具有时尚感，因此应用较为广泛，可根据需要设计出不同的形态。但由于金属热冷传导性高，冬夏时节，座椅表面的温度难以适应使用者对座面的要求，限制了金属座椅的使用范围。

（五）陶瓷材料

材料表面光滑、耐腐蚀、易清洁、色彩丰富，而且具有一定的硬度，适合在室外环境中使用，易与整体环境相协调。需要注意的是，以陶瓷材料制成的座椅，尺寸不宜过大，由于其烧制过程难以控制，因此难以塑造复杂的坐凳造型。设计师可以将陶瓷作为坐凳表面贴面装饰，制成形式多样、富有特色的座椅形式。

第三节 树池与花坛

一、树池和花坛分类

（一）树池的分类

目前，园林设计中树池的处理方式可分为硬质处理、软质处理和软硬结合处理三种。

1. 硬质处理

硬质处理是指将不同的硬质材料用于架空、铺设树池表面的施工中。此种处理方式分为固定式硬质铺地和不固定式硬质铺地两种。如景观施工中使用的铁箅子和近年来使用的塑料箅子、玻璃钢箅子等都属于固定式硬质处理。由卵石、树皮、陶粒覆盖树池的方式都属于不固定式硬质处理。

2. 软质处理

软质处理是指将低矮植物种植于树池内以覆盖树池的表面处理方式。一般北方城市常用大叶黄杨、金叶女贞等灌木或冷季型草坪如麦冬类、白三叶等地被植物对树池表面进行覆盖。

3. 软硬结合处理

软硬结合处理是指同时使用硬质材料和园林植物对树池进行覆盖的处理方式。如对树池铺设透空砖，并在砖孔处植草。

（二）花坛的分类

1. 根据构图形式分类

（1）自然式花池

是相对规则式花池来说的，指以不规则图形构造布置的花池。

（2）规则式花池

是指将花池设计成规则的几何图形。

（3）混合式花池

指花池下部的花柱被设计为规则式，而花池的整体构图形式又是自然式，这种花池被称为混合式花池。

2. 按花池的空间位置分类

（1）平面花池

以平面为观赏面的花池。

（2）斜面花池

从观赏角度来说，以斜面为观赏面的花池经常被设置在斜坡处或者搭架构筑。

（3）立体花池

从观赏角度来说，其是可以四面观赏的花池。

3. 按花池固定的程度分类

（1）固定花池

顾名思义就是固定不能移动的花池。

（2）移动花池

又称活动花池，适于设置在铺装地面上和室内环境中，是目前较为流行的花池形式。

二、树池和花坛设计原则

（一）树池的设计原则

1. 尊重场地

对于景观树池而言，个体所能主栽的环境非常有限。面对制约景观树池设计应用的诸多因素，紧抓当地特有自然条件非常有利于设计出适宜的树池。在对自然环境的认知中，从设计的角度来说，必须要考虑树池与周边建筑风格的协调，地形、植物之间的合理搭配利用关系，注意当地气候条件对树池的影响。在复杂的自然环境中设置景观树池，景观设计将成为树池与自然环境协调的最好调剂。

2. 注重美观

空间形态由外部空间组成。景观树池设计和城市景观规划的任务，就在于如何组织好景观树池在这样一个如此庞大和如此复杂的空间内更能满足人的要求。城市空间形态中，小体量景观树池分散在城市各个角落，大多数情况下可以与其他构筑物界面一起围合空间，而在单体景观中存在则具有点缀城市空间的作用，与城市中的建筑物、树木、分隔墙等垂直实体共同控制和影响城市空间。其在城市空间中的应用，要以总体规划为依据，强调规划统筹为先以及后期管理建设的有序衔接，其美观的外形成为人们居住、工作、游憩、交通的活动空间中直接欣赏的城市景观，成为提高城市生活环境品质的重要部分。

3. 节约资源

景观树池在其发展的过程中，对于保护树木良好生长、与休闲座椅相结合、作为城市景观小品以及城市雨水收集的多功能应用等都具有很好的效果，由于具有这些功能和作用，人们在实践中不断综合创新，对树池的处理创造了许多不同的形式。为了更好地服务于城市景观和人们的生活，人们不断对景观树池细节设计出许多不同的内部修饰方式，以达到既科学又美观的效果。在满足便捷的功能上，将坐凳树池与人体工程学和人的活动心理学相结合，从人的角度上考虑设计，在材料和照明上做足工夫，尊重以人为本的原则。在城市发展的生态可持续问题上，利用树池自然土层结构的特征，与科学技术融合，注重树池的内部细节构造，坚持还原自然循环的目的。整个城市中景观树池的多功能和细节的打造，能够突显一个城市的绿化管理水平。

（二）花坛的设计原则

1. 主题突出

主题是设计师设计思想的体现，是设计精神的所在。如果花坛要成为园林的主景，那么花坛的各个部分都应该充分体现设计的主题。如果花坛要成为建筑物的陪衬，那么花坛的设计风格应与建筑物的设计风格相协调，花坛的形状、大小和色彩都不能喧宾夺主。

2. 美学原则

花坛的设计要体现美感，因此其形式、色彩、风格等方面都要符合美学原则，特别是花坛色彩的设计，既要协调，又要形成对比。对于花坛群来说，其设计应注意统一与变化。

3. 蕴涵文化

植物景观本身就是一种文化的体现，花坛里的植物搭配同样可以给人以文化的熏陶和艺术的享受。

4. 融合环境

花坛作为景观构图要素中的重要组成部分，应与整个植物景观、建筑格调协调一致。主景花坛应丰富多彩、形式多样，配景花坛则应简单、朴素。不仅如此，花坛的形状、大小、高低、色彩等也都应与景观环境相协调。

三、树池和花坛的材料构造设计实例

（一）金属

金属材质在造型上形式变化多样、简洁有力，具有一种非常强的现代气息，应用在环境中具有很强的视觉冲击。造型感很强的特点使金属在树池中最初作为树池内的透水铺装而被广泛应用。基于不断发展的制作技术，可将金属材料直接制作成成品造型树池的外池壁以及树池与坐凳连体等不同风格的造型效果。金属景观树池的材料选用主要考虑与环境氛围相融合，在不同环境中，可选用铜、铁或是光感很强的铝材料。

（二）石质

石质材料包括大理石、花岗岩、麻石、鹅卵石等，一般都比较重，在场地内应用在固定的位置，不宜移动。其材质坚硬、耐用、不易被破坏，因此，在景观树池的设计应用中，作为树池的保护外边框使用最多。每种石质材料所营造出的风格都各不相同，大理石、花岗岩在景观石材中，颜色、质地和图案显得高档，这使得这种材质最开始在欧美国家最受欢迎、应用最为广泛。而生态透水砖、彩色透水砖、石砾与鹅卵石等石质材料，在树池内作为与道路铺装平齐的材料应用较多，达到自然生态、环保、可持续的作用，与周边环境搭配可以形成丰富、美观的景观效果。

（三）木质

木质材料在室外应用的都为加工处理过的防腐木，或木质坚硬不容易腐烂的木料。根据环境的不同，在木料外面还可刷上不同颜色的油漆来美化环境。在树池内和池壁的应用中，常用木质材料做树池的覆盖、边缘框。在公园、庭院中以绿地为背景的场地内，木质材料的树池给人一种自然亲切之感，使整个环境具有一种亲和力。

（四）砌体

树池花坛的砌体包括如下几种：

砖砌体：砌筑方式有顺转、丁转、横缝和竖缝。

石砌体：包括毛石适用于基础、勒脚、挡土墙、护坡、堤坝等；粗料，更多是成形的石料，主要用作镶面的材料。

素混凝土砌体：优点是造价低，可塑性好，配制灵活，抗压强度高，耐久性和耐火性好，但抗拉强度低。

第四节　景观灯

一、景观灯分类

（一）道路照明灯

道路照明灯分为两类：功能性道路灯和装饰性道路灯。功能性道路灯需要有良好的配光，光源多选用钠灯和汞灯等光效高的电光源，发出的光均匀地投射在道路上。这种灯具造型简单，是许多城市道路常用的灯具。装饰性道路灯造型美观，可以结合不同的氛围和风格选用，主要安装在重要的景观节点处，通常对光效要求不高，但需要较高的艺术性和观赏性。

（二）庭院灯

用来增加人们户外活动的时间，提高人们夜间出行的安全性，提高生命财产的安全。光源的功率不需太大，可以用节能灯、钠灯等光源，注意防止炫光。

（三）草坪灯

草坪灯的高度在 1 m 以内，安装在草坪、灌木丛等低矮处，光线多为宽配光，避免炫目，具有照明和美化的双重功能。

（四）地埋灯

地埋灯比草坪灯更矮，直接安置在地平面中，包括三种：一种是起引导视线和提醒注意作用的指示地灯，应用在步行街、人行道和地面有高差变化之处；一种是突出于地面，通过光栅的遮挡可以装饰照明广场或草坪；还有一种是投射地灯，通过配光后可以投射地面上的小品。

（五）水下照明灯

水下照明灯通常安装在水下，具有防水密闭性。多选用光谱效果较好的卤钨灯，功率较高，配合彩色滤镜，投射喷泉或叠瀑，通过水的折射形成五彩缤纷的光色水柱效果。

二、景观灯设计原则

（一）整体性原则

整体性原则是指环境照明设计要与整体环境相协调，与整体风格相一致，与景观小品、构件等相结合。通过照亮不同的部位，明暗与虚实结合，让人感受到清晰的整体布局空间对整体感的把握，体现自然景观特色与季节特色，呈现建筑特色，蕴涵科技特色，体现传统节日特色和文脉特色。

（二）层次感原则

层次感是指景物空间中的主景与配景之间的关系。层次感可以通过虚实、明暗、轻重、大面积的给光和勾画轮廓等多种手法体现。要对景观、环境、本身的造型、结构进行具体分析，不能将环境透光后变成一片毫无层次的亮光，失去了美而真的效果。同时，要考虑景观与背景空间的关系，不能使景观独立于黑暗之中，而要有多种层次，通过照明体现景观的立体感。

（三）可持续发展的原则

"节能环保、绿色照明"是当前的照明理念，对于景观照明来说，其本身需要的能耗较大，因此在设计时，应尽量降低其能耗，减少不必要的浪费，加强对新能源、新技术的开发。比如利用太阳能发电，采用 LED（发光二极管）等节能灯具，或者采用节能控制方式等。

三、景观灯常用灯具

景观照明灯具具有功能性和装饰性两方面的特征。在灯具的选择上，不但要求在夜晚能够满足功能性要求和相关照度标准（表6-2），而且要求在不同场合选择合适的光源和灯具（表6-3）。另外，还要有艺术性，要具有优美的造型，给人以高艺术品位的享受。光源的选择要遵循高效、节能的原则，同时选择适宜的光色来更好地体现设计意图，烘托环境气氛。

表6-2　景观照明及参考照度

适用场所	参考照度(lx)	安装高度（m）	注意事项
自行车、机动车	10~30	2.5—4.0	光线投射在路面上要均匀
步行台阶	10~20	0.6~1.2	避免炫光,采用较低处照明; 光线宜柔和
园路、草坪	10~50	0.3~1.2	
运动场	100~200	4.0~6.0	多采用 向下照明方式;灯具应有艺术性
休闲广场	50~100	2.5~4.0	
广场	150~300	—	
水下照明	150~400	—	水下照明应防水、防漏电,参与性较强的水池和泳池使用12 V安全电压;应禁用或少用霓虹灯和广告箱灯
树木绿化	150~300	—	
花坛、围墙	30~50	—	
标志、门灯	200~300	—	
浮雕	100—300	—	采用侧光、投光和泛光等多种形式;灯光色彩不宜太多
雕塑、小品	150~500	—	

表 6-3　光源与灯具选择

灯具种类	常用光源	适用场合	说明
庭院灯	白炽灯、荧光灯、金属卤化物灯	可布置于园路、广场、水边以及庭院一隅,适于照射路面、铺装场地、草坪等	高度为4.0~5.0 m,光照方向主要有下照型和防止炫光的漫射型
草坪灯	汞灯、白炽灯、金属卤化物灯	主要用于照射草坪	高度不超过1.2 m
泛光灯	金属卤化物灯、高低压钠灯	主要用来照射园林建筑、景观构筑物、园林小品、雕塑、树木、草地等	按光束的宽度可分为窄光束、中度宽光束和宽光束
埋地灯	汞灯、高低压钠灯、金属卤化物灯	用于硬质铺装场地中的构筑物、雕塑、园林小品照明,以及草地中置石、树丛照明	部分灯型可用作埋地射灯
造型灯	光纤、美耐灯、发光二极管（LED）	可做成各种造型,如礼花灯、椰树灯、红灯笼灯等,用于绿地夜景装饰	主要用于饰景照明

四、景观灯构造设计实例

（一）庭园灯

庭园灯主要安装于居住区主园路、小广场等场所,除了用作照明之外,还有装饰作用,一般高度控制在3~4 m。主园路一般选用庭园灯进行照明,安装60~80 W大功率节能灯,灯杆高度选用3~4 m,间距18~24 m,单侧布置,灯杆受力不是很大,但灯具基础应有一定的埋深,防止长时期风力作用后的晃动;也可选用高压钠灯作为照明光源,效率高但显色性较低。次园路和小园路一般采用草坪灯照明,当然也可以采用一些非传统的照明方式来进行功能照明,如采用一些隐蔽的灯具照亮植物,通过植物反射照亮小径。

（二）草坪灯

草坪灯一般选取13~18 W节能灯,间距控制在10 m左右,单侧布置,高度一般为0.6~0.9 m。安装时底部需用螺栓固定,故草坪灯也应浇砼基础,以保证螺栓固定的可靠性。

（三）埋地灯

埋地灯在工作过程中主要通过埋入地下的灯具散热，由于热胀冷缩的原理，当灯具周围积沉的水分过多时，会产生呼吸作用，水分很容易进入灯具内，所以在安装时，特别需要注意的是，埋地灯底部应做好排水、滤水的措施，最好在灯具底部做 300 mm×300 mm 碎石滤水层，滤水层中加设排水管，以确保灯具在使用过程中不进水。

（四）水下灯

水下灯一般采用低压灯，灯具和变压器是分开的，一般把变压器放在岸上，安装于防水接线盒中。灯具与变压器之间的距离也受到一定的限制，（50~100）W/12 V 的电缆长度一般小于 15 m，300 W/12 V 的电缆长度一般小于 10 m。水下灯又分支架式安装和嵌入式安装。支架式安装可用螺栓固定于池底或结合鼓泡喷头立杆固定；嵌入式安装的水下灯应带有不锈钢外套筒，灯具用螺栓直接固定在外套筒上，外套筒既保护了灯具又方便安装与维护。嵌入式水下灯可安装于池底（垂直安装）亦可安装于水池侧壁（水平安装）。

（五）壁灯

壁灯从安装方式上主要分为外挂式壁灯和内嵌式壁灯（也称梯脚灯）。外挂式壁灯主要安装于花架、亭台楼阁立柱或景墙立面上，安装高度一般为 2.2 m。内嵌式壁灯主要用于楼梯台阶踢面上或矮墙下脚等人的视角以下位置，灯具的尺寸大小和光源颜色等的选择很重要，应与被安装体协调一致。

第二部分　林业生态建设

第七章 林业资源

第一节 森林资源

一、森林总量及变化

第九次全国森林资源清查（以下简称九次森清）显示，全国国土森林面积 $22044.62×10^4hm^2$，森林覆盖率 22.96%，全国活立木总蓄积 $190.07×10^8m^3$，森林蓄积 $175.60×10^8m^3$。与第八次全国森林资源清查（以下简称八次森清）比较，全国森林面积增加 $1275.89×10^4hm^2$，增加了 6%；森林覆盖率增加了 1.33 个百分点；森林蓄积增加 $24.23×10^8m^3$，增加了 16%。

全国林地面积 $32368.55×10^4hm^2$，其中，林地森林面积 $21822.05×10^4hm^2$，林地活立木总蓄积 $185.05×10^8m^3$。森林面积中，乔木林（含经济林）$17988.85×10^4hm^2$，占 82.43%；竹林 $641.16hm^2$，占 2.94%；特灌林 $3192.04×10^4hm^2$，占 14.63%。林地活立木蓄积中，林地森林蓄积 $170.58×10^8m^3$，占 92.18%，疏林 $1.00×10^8m^3$，占 0.54%，散生木 $8.78×10^8m$，占 4.75%，四旁树 $4.69×10^8m^3$，占 2.53%。在全国林地面积中，林地森林面积增加 $1266.14×10^4hm^2$，增加了 6%；林地森林蓄积增加 $22.79×10^8m^3$，增加了 15%。

二、森林结构及变化

九次森清显示，按权属分，全国林地森林面积中，国有林 $8436.61×10^4hm^2$，占 38.66%；集体林（含个人承包）$13385.44×10^4hm$，占 61.34%。全国林地森林蓄积中，国有林 $101.23×10^8m^3$，占 59.34%，集体林（含个人承包）$69.35×10^8m^3$，占 40.66%。与八次森清比较，全国林地森林面积中，国有林和集体林的比例基本不变；全国林地森林蓄积中，国有林的比例下降了 3.95 个百分点，集体林的比例略有下降，个体林的比例上升了近 5 个百分点。

按起源分，全国林地森林面积中，天然林 13867.77×10⁴hm²，占 63.55%；人工林 7 954.28×10⁴hm²，占 36.45%。全国林地森林蓄积中，天然林 136.71×10⁸m³，占 80.14%；人工林 33.88×10⁸m³，占 19.86%。与八次森清比较，全国林地森林面积中，天然林和人工林的比例基本不变，全国林地森林蓄积中，天然林比例下降了近 2 个百分点，人工林上升了 2 全多百分点。

按林种与功能分，全国林地森林面积中，防护林 10 081.95×10⁴hm²，占 46.20%；特用林 2280.40×10⁴hm²，占 10.45%；用材林 7242.34×10⁴hm²，占 33.19%；薪炭林 123.13×10⁴hm²，占 0.56%；经济林 2094.23×10⁴hm²，占 9.60%。全国林地森林蓄积中，防护林 88.18×10⁸m²，占 51.69%；特用林 26.18×10⁸m³，占 15.35%；用材林 54.15×10⁸m³，占 31.75%；薪炭林 0.57×10⁸m³，占 0.33%；经济林 1.50×10⁸m³，占 0.88%，公益林与商品林的面积之比为 57：43，公益林包括防护林和特用林，商品林包括用材林、薪炭林和经济林。与八次森清比较，防护林面积和蓄积皆下降了约 2 个百分点，特用林面积上升了约 2.5个百分点，蓄积上升了 0.7 个百分点，用材林、薪炭林和经济林的比例变化不大；全国公益林所占面积比例略有提高，公益林所占蓄积比例下降了 1 个多百分点。

按林龄分，全国乔木林面积中，幼龄林 5 877.54×10⁴hm²，占 32.67%；中龄林 5 625.92hm²，占 31.27%（中幼林合计 11 503.46×10⁴hm²，占 63.95%）；近熟林 2 861.33×10⁴hm²，占 15.91%；成熟林 2467.66×10⁴hm²，占 13.72%；过熟林 1156.4×10⁴hm²，占 6.43%，（近成过熟林合计 6 485.39×10⁴hm²，占 36.05%）。乔木林蓄积中，幼龄林 21.39×10⁸m³，占 12.54%；中龄林 48.21×10⁸m³，占 28.26%（中幼林合计 69.61×10⁸m³，占 40.80%）；近熟林 35.14×10⁸m³，占 20.60%；成熟林 40.11×10⁸m³，占 23.52%；过熟林 25.72×10⁸m³，占 15.08%（近成过熟林合计 100.98×10⁸m³，占 59.20%）。与八次森清比较，乔木林中，中幼林面积比例略有下降，蓄积增加了 2 个百分点，相应地，近成过熟林面积比例有所上升，蓄积比例有所下降。

按优势树种分，全国乔木林面积按优势树种（组）排名，位居前 10 位的分别是栎树林、杉木林、落叶松林、桦木林、杨树林、马尾松林、桉树林、云杉林、云南松林、柏木林，面积合计 8 329.20×10⁴hm²，占全国乔木林面积的 46.30%；蓄积合计 74.76×10⁸m³，占全国乔木林蓄积的 43.83%。全国乔木林蓄积按优势树种（组）排名，位居前 10 位的分别是栎树、冷杉、桦木、云杉、杉木、落叶松、马尾松、杨树、云南松、山杨，蓄积合计 114.98×10⁸m³，占全国乔木林蓄积的 67.40%。与八次森清比较，全国乔木林面积按优势树种（组）排名，栎树林仍然为第一，杉木、落叶松名次有所上升，桦木名次有所下降；杨树、桉树名次有所上升，马尾松、云南松名次有所下降。

三、资源变化因素分析

（一）植树造林

植树造林主要方式包括人工造林、飞播造林、封山育林、退化林修复、人工林更新。通过义务植树、国家林业重点生态工程造林、社会（团体、企业和个大）造林、城乡绿化造林等造林形式，因地制宜、适地适树、可以调动各方造林积极性，实现共建共享，最大限度地提高森林面积和森林覆盖率。林业工程规划与建设规模的不断加大，对于林业资源的保护与发展起到了至关重要的作用。森林覆盖率、森林蓄积量影响因素回归结果比较表明，滞后一期因变量、工程变量对上述二者的影响都显著"。我国中西部地区对土地实行多种经营，因地制宜，最大限度地提高土地利用率，有利于森林覆盖率的提高。

（二）森林经营

森林经营主要方式包括全面保育天然林、科学经营人工林、复壮更新灌木林。通过人工林改培、低产低效林改造、中幼林抚育、减少采伐、天然林商业性禁伐等技术手段和政策措施，可以起到优化森林结构，提升森林质量的效果。恢复森林资源的根本对策应是：扩大森林面积的外延和提高现有森林生长量的内含同时并举，前者是从广度上促进生产发展，后者是从深度上促进生产质量的提高。森林如果随其自然生长、发展方向和最终的结果具有不确定性，而通过抚育间伐，对森林进行科学的管理和抚育作业，可以改善森林的营养结构，减少林木个体之间的竞争，从而促进森林生长，提高林地生产力，增强森林的综合效益国。

（三）保障支撑

保障支撑主要方式包括制定森林规划、增加林业投入、明晰林木产权、森林灾害防治、提高科技水平、基础设施建设、法律政策保障等。在林业发展规划下，由于改变了生物的栖息环境，进而影响了森林中生物的种类和数目，林业发展规划也会根据均衡性对森林进行特异性改造。从新一轮集体林权制度改革赋予农民更完整的财产权利，是促进森林资源增长的重要原因。但是集体林业的发展还有许多制约因素，如采伐限额制度、生态补偿、林业税费等都面临着新的挑战，需要进行配套改革。林业政策是森林资源质量变化的导向型因子，直接影响着森林资源质量的变化；林业科技投入是对森林资源质量改善间接但有力的一种投入形式；我国特有的林业管理体制也对森林资源质量造成了影响；生产要素，尤其是资金投入的数量一定程度上会带来森林资源质量的改善国。森林灾害防治能够通过各种相关措施来直接减少森林资源的灭失和增加林木资产财富的积累，森林灾害防治能够保护环境，维护生态平衡，促进社会经济的可持续发展。导致我国森林资源质量不高的主要因素有两个方面：一是内部因素，主要是现行的培育技术；二是外部因素，主要是现行的森林资源管理技术。

总体而言，我国森林资源数量持续增加、质量稳步提升、生态功能不断增强，初步形成了公益林、商品林比例协调，天然林、人工林结构合理的森林生态和生产系统，国有林以公益林为主、集体林以商品林为主、木材供给以人工林为主的格局。森林净增长是森林增长和森林损耗相互作用的结果，森林增长的原因主要是植树造林、森林经营、树木自然生长；森林损耗的原因主要是森林采伐、树木自然枯损、火灾、雨雪冰冻灾害、生物灾害（病虫鼠害）。森林产品在供给和需求作用下，在市场上最终实现短期平衡，其中发展规划、经营方案、市场价格、林木产权、科技水平、抗灾防灾能力、基础设施、法律政策都会对其产生重要影响。

第二节　野生动物资源

我国幅员辽阔，地貌复杂，湖泊众多，气候多样。丰富的自然地理环境孕育了无数的珍稀野生动物，使我国成为世界上野生动物种类十分丰富的国家。据统计，我国约有脊椎动物 6266 种，占世界种数的 10%以上。许多野生动物属于我国特有或主要产于我国的珍稀物种，如大熊猫、金丝猴、朱鹮、普氏原羚、白唇鹿、褐马鸡、黑颈鹤、扬子鳄、蟒山烙铁头等；有许多属于国际重要的迁徙物种以及具有经济、药用、观赏和科学研究价值的物种。这些珍贵的野生动物资源既是人类宝贵的自然财富，也是人类生存环境中不可或缺的重要组成部分。

但是，随着我国人口的快速增长及经济的高速发展，对野生动物资源的需求和压力不断增大，对野生动物栖息地的破坏、开发利用和环境污染等行为的加剧，使许多野生动物处于濒危状态。

自 20 世纪 80 年代以来，尤其是实施野生动植物保护及自然保护区建设工程以来，我国采取了一系列措施加强野生动物保护工作。通过多年的积极保护，尤其是《野生动物保护法》颁布实施以来，部分野生动物的资源数量保持稳定或稳中有升的主体，但非国家重点保护野生动物，特别是具有较高经济价值的野生动物的种群数量明显下降。

一、陆生野生动物

我国是陆生野生动物种类数量最为丰富的国家之一。据统计，我国有陆生脊椎动物种类 2400 余种，超过全球种类的 10%。除此之外，我国陆生野生动物资源还具有特产珍稀动物多和经济动物多两大特点。据统计，我国拥有特产珍稀动物 100 余种，如大熊猫；经济动物 400 余种，如麝、野猪。我国拥有 9 种鹤类，占全球鹤类的 60%；56 种野生鸡类，约占全球野生鸡类的 20%；46 种雁鸭类，约占全球雁鸭类的 31%。我国还拥有 16 种欧美和原苏联都没有的灵长类动物。这些陆生野生动物资源都是珍稀的自然财富。

但是，由于我国目前正在以过度开发利用资源、污染环境、破坏栖息地等代价进行高速发展，导致大量的陆生野生动物濒危。经初步统计，我国现有濒危陆栖脊椎动物 300 余种。

近几年，我国逐渐意识到陆生野生动物资源对人类社会的重要性，开始重视陆生野生动物的保护。"十三五"期间，我国陆生野生动物保护取得显著的成效，珍稀濒危陆生野生动物数量总体稳中有升。5 年来，国家林业和草原局先后开展了濒危物种的系列专项保护工作，促进 300 多种珍稀濒危陆生野生动物种群的恢复与增长。大熊猫野生种群从 20 世纪七八十年代至今已经增加了 750 只，野外和人工繁育的朱鹮种群自 1981 年仅有 7 只迅速增长到如今的 4000 只以上，麋鹿和野马也摆脱了濒临灭绝的命运。

自新冠暴发后，国家林草局更是多举措推进关于禁食和禁止野生动物交易方面的工作。目前，禁食的野生动物处置及补偿工作已经全部落实。同时，国家林草局投入大量人力和物力，积极开展陆生野生动物保护和打击违法犯罪的相关工作，建立了占地多达 18% 的各类自然保护地，保护着 85% 的陆生野生动物。配合全国人大常委会对《野生动物保护法》的内容进行了两次严谨的修订，联合其他相关部门更新《国家重点保护野生动物名录》，制定相关配套的管理制度并落实实施。

二、陆生野生动物资源功能作用分析

陆生野生动物资源为我们提供了基本的衣食和各种生存所需的畜禽种源，具有重要的经济价值。同时，陆生野生动物资源对维持生态平衡、保护人类健康、提升人们的生活水平，以及促进社会经济进步等方面都起到非常重要的作用，换而言之，陆生野生动物资源也具有巨大的生态价值和社会价值。

从用途来看，陆生野生动物功能作用可体现在八个方面：肉用、医疗药用、毛皮制作加工、绒用和饰用、观赏、驯养、启示模拟仿生学等、益农林。

陆生野生动物资源的食用、药用作用及动物毛皮等均有潜在的经济价值。例如，在我国，蟒蛇的蛇皮既是制作手鼓、二胡等民族乐器不能缺少的原料，还是珍贵的食用药材，其药用价值不可估量。

陆生野生动物对于生态环境的改善具有至关重要的作用。例如，益农林陆生野生动物可控制森林和农作物中的害虫害兽，此外，有些陆生野生动物动物对植物花粉及种子的传播是极为重要的。

陆生野生动物资源的社会价值主要体现在科研和观赏两方面。陆生野生动物的第三产业就是观赏旅游业，包括自然保护区、野生动物园等。例如，声音婉转动听的画眉是现在世界闻名的笼养观赏鸟之一。《2020 年中国动物园行业分析报告——市场现状调查与投资战略研究》显示，从 1993 到 2018 年我国野生动物园数量持续增长，与此同时，我国动物园消费市场也在不断扩大。陆生野生动物的科研价值主要是其本身具有的生物学信息，深入研究这些潜在信息有益于人类社会的进步。

第三节 野生植物资源

中国是全球生物多样性最丰富的国家之一，高等植物约有 36,000~41,000 种（含种下等级），其中约 18,000 种为中国特有种。野生植物资源既为人类提供了粮食、蔬菜、药材、木材、花卉、氧气等，又是重要的遗传资源，还是文化发展的物质载体和灵感源泉。保护野生植物资源是人类实现生态安全和资源安全的重要保障。

近 40 年来，中国植物多样性保护取得了巨大成就，相关法律和政策不断出台，法律框架不断完善，有力支撑了中国的生物多样性保护，就地保护和迁地保护网络基本形成。对中国履行《全球植物保护战略（2011-2020）》进展情况的分析表明，总计 16 个目标中，中国已完成目标 75%~100% 的有 6 个，50%~75% 的 6 个，另有 4 个已完成目标的 25%~50%，总体进展良好。但近年来，野生植物保护工作的挑战不断显现：①在日常管理中，管理对象"野生植物"越来越难以界定，造成执法困难；②一些亟待保护的物种迟迟无法进入保护名录；③部分濒危物种分布分散，无法以设立自然保护地的方式加以保护；④无序开发利用野生植物资源的现象依然存在，部分野生植物资源被过度使用；⑤《野生植物保护条例》等的配套法规不足，许多条款内容比较泛化，细节不足，容易形成"一管就死、一放就乱"的怪圈，如何避免类似的各种怪圈是管理工作面临的长期挑战；⑥现有的迁地保护机构分散，物种收集保存和拯救工作缺乏系统性筹划；⑦野生植物保护的资金投入严重不足，宣传缺乏力度，亟需改善和提高；⑧国际法和国内法衔接不够等。

中国政府高度重视生物多样性保护，出台了多部法律和大量政策文件，加入了多个相关国际协定，近年进一步将生态文明建设纳入基本国策，并在国际社会率先提出共建地球生命共同体理念。2021年召开的《生物多样性公约》第15次缔约方大会，讨论了《2020年后全球生物多样性框架》，主要目的是应对全球生物多样性保护面临的严峻挑战，重点之一是如何加强野生植物保护，力争逆转野生种群下降、物种绝灭的趋势。

一、就地保护

（一）国内法律制度

中国在20世纪50年代开始进行就地保护工作，原林业部制定了《关于天然森林禁伐区（自然保护区）划定草案》，陆续建立了鼎湖山、卧龙等自然保护区；1981年建立第一批国家级风景名胜区、第一个国家森林公园。在此基础上，先后颁布了多部涉及野生植物就地保护的法律法规，包括1985年发布的《森林和野生动物类型自然保护区管理办法》、1994年颁布的《自然保护区条例》（就地保护核心法规）、2006年颁布的《风景名胜区条例》、1997年颁布的《野生植物保护条例》、2019年修订的《森林法》等，对就地保护地设置原则、珍稀濒危植物保护方法、保护地内人类活动管理进行阐述，基本确定了中国植物多样性就地保护的基本法律框架。此外，《森林公园管理办法》《海洋特别保护区管理办法》《地质遗迹保护管理规定》等部门规章均对保护野生植物发挥了积极作用。

（二）国际法律框架

中国先后加入多个涉及生物多样性保护的国际公约，如1981年正式加入《濒危野生动植物种国际贸易公约》（CITES），1985年正式加入《保护世界文化和自然遗产公约》（WHC），1992年正式加入《关于特别是作为水禽栖息地的国际重要湿地公约》（简称

《湿地公约》），1993 年正式加入《生物多样性公约》（CBD），1997 年正式加入《联合国防治荒漠化公约》（UNCCD）等。这些国际公约组成了中国生物多样性保护的国际合作机制，部分公约的内容已和中国国内法律或政策衔接。

CBD 是国际生物多样性保护合作的核心法律框架，从生态系统、物种和基因多样性 3 个层次推动保护，强调保护、可持续利用和遗传资源的惠益分享三原则，先后制定了多个指导性目标和战略规划，如著名的"爱知目标"和《全球植物保护战略》；2021~2022 年 CBD 正在制定今后 10 年的保护框架及植物保护战略。WHC 严格限制自然遗产地的开发活动，《湿地公约》和《联合国防治荒漠化公约》分别对湿地和荒漠植物的就地保护发挥了积极作用。CITES 的重点是管控野生动植物国际贸易，要求对资源的利用不会导致物种濒危甚至绝灭，在对野生种群调查评估的基础上进行可持续利用，并确保来源合法。

（三）重大工程

2000 年以来，多项生物多样性保护重大工程得到部署和实施：如原国家林业局（现国家林业和草原局）开展的"野生动植物保护和自然保护区建设工程"，通过开展旗舰物种保护和自然保护区建设，带动重要栖息地或原生境保护修复，有效保护了中国 90% 的陆地生态系统类型、65% 的高等植物群落和 71% 的国家重点保护野生动植物种类；原国家林业局发布的《全国极小种群野生植物拯救保护工程规划（2011-2015）》有效推动了极小种群野生植物的保护；2020 年，国家发展和改革委员会（以下简称发改委）和自然资源部联合发布的《全国重要生态系统保护和修复重大工程总体规划（2021-2035 年）》（简称《双重规划》），以国家生态安全战略格局为基础，统筹考虑生态系统的完整性、地理单元的连续性和经济社会发展的可持续性，涵盖了从寒带、温带、亚热带到热带的植被类型，将全面改善中国自然生态系统，促进野生植物保护。另外，中国实施约 20 年的天然林保护工程、退耕还林还草工程、约 30 年的三北防护林工程等，都是以保护和修复植被为主要方式，对野生植物保护起到了不可忽视的作用。

（四）自然保护地建设管理

1949 年以来，林业、农业、环保等部门建立了不同类型和宗旨的自然保护地。根据 2021 年 1 月的数据，中国（港澳台未统计）有各类自然保护地约 1.18 万个，包括国家级自然保护区 474 个、国家森林公园 906 个、国家湿地公园 899 个、国家风景名胜区 244 个等，占陆域国土面积的 18%、领海的 4.1%。

2013 年，中国共产党十八届三中全会通过《中共中央关于全面深化改革若干重大问题的决定》，提出建立国家公园体制；2015 年，发改委等印发《建立国家公园体制试点方案》，正式启动试点；2017 年，中国共产党第十九次全国代表大会提出建立以国家公园为主体的自然保护地体系；2019 年 6 月，中央办公厅和国务院办公厅正式印发《关于建立以国家公园为主体的自然保护地体系的指导意见》。东北虎豹国家公园、大熊猫国家公园等 10 处体制试点启动，先后在总体规划、机构设置、法规建设、自然资源资产登记、社区共管、特许经营权、地役权试点等方面开展了大量尝试，并研究制定总体布局方案；2020 年开展了体制试点全面评估；2021 年 10 月宣布正式设立第一批 5 个国家公园。

二、迁地保护

《野生植物保护条例》《种子法》《林木种质资源管理办法》《农作物种质资源管理办法》等为迁地保护提供了法规依据。在活体植株保存方面，中国约 195 个主要植物园开展了以苏铁科、棕榈科、兰科、木兰科、裸子植物等为代表性的专类资源收集和广泛收集工作；到 2016 年，收集了来自 288 科 2,911 属的 22,104 种乡土植物，分别占中国全部乡土植物科、属、种的 91%、86% 和 65%。在农作物种质资源保存方面，中国已建成 1 个长期种质库、1 个备份种质库与 10 个中期种质库，保存了包括粮食在内的 340 多种农作物的种质资源。在野生植物种质资源保存方面，建成了中国西南野生生物种质资源库，目前已保存 10,601 个植物物种（达我国有花植物物种总数的 36%）的种子材料 85,046 份，植物离体培养材料 2,093 种 24,100 份，DNA 分子材料 7,324 种 65,456 份。制定了《全国林木种质资源调查收集与保存利用规划（2014-2025 年）》，现有国家林木种质资源原地、异地保存库 161 处，建成国家林草种质资源设施保存库山东分库、新疆分库，保存各类林木种质资源 10 万余份，保存以牧草为主的草种质资源 6 万多份。在野外回归方面，截至 2020 年底，中国科学家已野外回归 206 个物种，其中 112 个为中国特有种。

三、野生植物的开发利用管理制度

1996 年发布的《野生植物保护条例》（以下简称《条例》）中所保护的野生植物，是指原生地天然生长的珍贵植物和原生地天然生长并具有重要经济、科学研究、文化价值的濒危、稀有植物。除了前文提到的就地保护和迁地保护措施，主要建立了以下制度：

（一）名录管理制度

《条例》规定，野生植物分为国家重点保护野生植物和地方重点保护野生植物，国家重点保护野生植物分为一级和二级。《国家重点保护野生植物名录》（以下简称《名录》）由国务院林业、农业主管部门商环保、建设等部门制定，报国务院批准公布。地方重点保护野生植物名录由省级政府制定并公布。除一些宏观条款外，《条例》的大多数规定都是针对《名录》所列物种。

《名录》（第一批）于 1999 年颁布，目前已有 16 个省（自治区、直辖市）颁布了地方名录。2021 年 9 月，经国务院批准，国家林业和草原局和农业农村部颁布了新的《名录》，共 455 种和 40 类（约 1,101 种）。其中国家一级 54 种和 4 类（约 126 种），国家二级 401 种和 36 类（约 975 种）。

（二）资源调查制度

《条例》规定，主管部门应定期组织国家和地方重点保护野生植物资源调查。中国先后组织了两次全国调查，其中第二次涉及 309 种（含变种）。于 2018 年启动了野生兰科植物专项调查，目前已覆盖 80% 的省（自治区、直辖市）。遗憾的是，目前的《条例》并没有明确提到针对野生植物的监测制度，只提到主管部门应当监视、监测环境对国家重点和地方重点保护植物生长的影响。从管理实践看，由于野生植物调查组织复杂、周期长、耗资大、类群特异性强，一般 10 年左右才能开展 1 次，很难及时掌握野外种群的动态情况，导致物种信息滞后，管理困难。有必要开展科学监测，及时更新种群动态。

（三）采集证制度

《条例》禁止采集国家一级保护野生植物，因科学研究、人工培育、文化交流等特殊需要而采集的，应当按照管理权限向主管部门或者其授权的机构申请采集证。采集国家二级植物应向省级主管部门或者其授权的机构申请采集证。这是避免野生植物被过度采集的重要手段。

（四）出售、收购管理制度

《条例》规定禁止出售、收购国家一级保护野生植物，出售、收购国家二级保护野生植物的，必须经省级政府主管部门或者其授权的机构批准。这为可持续利用野生植物提供了制度基础。

第四节 湿地资源

我国地域辽阔，地貌类型千差万别，地理环境复杂，气候条件多样，是世界上湿地类型齐全、数量丰富的国家之一。按照《湿地公约》对湿地类型的划分，我国湿地分为5类28型。其中，近海及海岸湿地类包括浅海水域、潮下水生层、珊瑚礁、岩石性海岸、潮间沙石海滩、潮间淤泥海滩、潮间盐水沼泽、红树林沼泽、海岸性咸水湖、海岸性淡水湖、河口水域、三角洲湿地共12型；河流湿地类包括永久性河流、季节性或间歇性河流、泛洪平原湿地共3型；湖泊湿地类包括永久性淡水湖、季节性淡水湖、永久性咸水湖、季节性咸水湖共4型；沼泽湿地类包括藓类沼泽、草本沼泽、沼泽化草甸、灌丛沼泽、森林沼泽、内陆盐沼、地热湿地、淡水泉或绿洲湿地共8型；人工湿地类有多种型，但从面积和湿地功能的重要性考虑，全国湿地调查只调查了库塘湿地1型。

全国湿地资源调查统计结果表明，我国现有100hm²以上的各类湿地总面积为3848万hm²（不包括香港、澳门和台湾的数据）。其中，自然湿地面积3620万hm²，占全国湿地面积的94.07%，库塘湿地的面积229万hm²，占全国湿地面积的5.95%。自然湿地中，近海与海岸湿地面积为594万hm²，占全国湿地面积的15.44%；河流湿地的面积为821万hm²，占全国湿地面积的21.33%；湖泊湿地的面积为835万hm²，占全国湿地面积的21.70%；沼泽湿地的面积为1370万hm²，占全国湿地面积的35.60%。湿地内分布有高等植物2276种；野生动物724种，其中水禽类271种，两栖类300种，爬行类122种，兽类31种。各类湿地分布情况是：

一、近海与海岸湿地

我国近海与海岸湿地主要分布于沿海的11个省（自治区、直辖市）和港澳台地区。海域沿岸约有1500多条大中河流入海，形成了浅海滩涂、珊瑚礁、河口水域、三角洲、红树林等湿地生态系统。近海与海岸湿地以杭州湾为界，分成杭州湾以北和杭州湾以南两个部分。

第一，杭州湾以北的近海与海岸湿地除山东半岛、辽东半岛的部分地区为岩石性海滩外，多为沙质和淤泥质海滩，由环渤海滨海和江苏滨海湿地组成。这里植物生长茂盛，潮间带无脊椎动物特别丰富，浅水区域鱼类较多，为鸟类提供了丰富的食物来源和良好的栖息场所，许多地区成为大量珍禽的栖息地，如辽河三角洲、黄河三角洲、江苏盐城沿海等。

第二，杭州湾以南的近海与海岸湿地以岩石性海滩为主。其主要河口及海湾有钱塘江－杭州湾、晋江口－泉州湾、珠江口河口湾和北部湾等。在海南至福建北部沿海滩涂及台湾西海岸的海湾、河口的淤泥质海滩上都有天然红树林分布。

二、河流湿地

我国流域面积在 $100km^2$ 以上的河流有 50000 多条，流域面积在 $1000km^2$ 以上的河流约 1500 条。绝大多数河流分布在东部气候湿润多雨的季风区，西北内陆气候干旱少雨，河流较少，并有大面积的无流区。从大兴安岭西麓起，沿东北-西南方向，经阴山、贺兰山、祁连山、巴颜喀拉山、念青唐古拉山、冈底斯山，直到我国西端的国境，为中国外流河与内陆河的分界线。分界线以东以南，都是外流河，面积约占全国总面积的 65.2%。分界线以西以北，除额尔齐斯河流入北冰洋外，均属内陆河，面积占全国总面积的 34.8%。

在外流河中，发源于青藏高原的河流，都是源远流长、水量很大、蕴藏巨大水利资源的大江大河，主要有长江、黄河、澜沧江、怒江、雅鲁藏布江等；发源于内蒙古高原、黄土高原、豫西山地、云贵高原的河流，主要有黑龙江、辽河、滦海河、淮河、珠江、元江等；发源于东部沿海山地的河流，主要有图们江、鸭绿江、钱塘江、瓯江、闽江、赣江等，这些河流逼近海岸，流程短、落差大，水量和水力资源比较丰富。我国的内陆河划分为新疆内陆诸河、青海内陆诸河、河西内陆诸河、羌塘内陆诸河和内蒙古内陆诸河五大区域，其共同点是径流产生于山区，消失于山前平原或流入内陆湖泊。

三、湖泊湿地

根据自然环境的差异、湖泊资源开发利用和湖泊环境整治的区域特色，我国的湖泊划分为五个自然区域。

（一）东部平原地区湖泊

主要指分布于长江及淮河中下游、黄河及海河下游和大运河沿岸的大小湖泊，是我国湖泊分布密度较大的地区之一，我国著名的五大淡水湖——鄱阳湖、洞庭湖、太湖、洪泽湖和巢湖即位于本区。该区湖泊水情变化显著，生物生产力较高。由于人类活动影响强烈，本区湖泊数量和面积锐减，湖泊水体富营养化和水质污染有逐渐加重的趋势。

（二） 蒙新高原地区湖泊

地处内陆，该区气候干旱，降水稀少，地表径流补给不丰，蒸发强度较大，超过湖水的补给量，湖水不断浓缩而发育成闭流类的咸水湖或盐湖。

（三） 云贵高原地区湖泊

全系淡水湖。区内一些大的湖泊都分布在断裂带或各大水系的分水岭地带，如滇池、抚仙湖、洱海等。由于入湖支流水系较多，而湖泊的出流水系普遍较少，故湖泊换水周期长，生态系统较脆弱。

（四） 青藏高原地区湖泊

是地球上海拔最高、数量最多、面积最大的高原湖群区，也是我国湖泊分布密度较大的两大稠密湖群区之一。本区为长江、黄河和澜沧江等水系的河源区，湖泊补水以冰雪融水为主，湖水入不敷出，干化现象显著，近期多处于萎缩状态。该区以咸水湖和盐湖为主。

（五） 东北平原与山区湖泊

多系外流淡水湖，主要分布在松辽平原和三江平原，由于地势低平、排水不畅，发育了大小不等的湖泊。此外，丘陵和山地还有火山口湖和堰塞湖。

四、沼泽湿地

我国沼泽在地理分布和类型特征上，既显示出地带性规律，又有非地带性或地区性差异。全国沼泽以东北三江平原、大兴安岭、小兴安岭、长白山地和青藏高原为多，天山山麓、阿尔泰山、云贵高原，以及各地河漫滩、湖滨、海滨一带也有沼泽发育，山区多木本沼泽，平原则草本沼泽居多。概括起来，我国沼泽分布有如下规律：

第一，分布广而零散。我国从寒温带到热带，从沿海到内陆，从平原到山地和高原都有沼泽分布，但每一块沼泽地的面积都不大，仅东北的三江平原和四川西北部的若尔盖沼泽呈集中连片分布。

第二，东部地区的沼泽多于西部。我国东部地势低平，气候湿润，降水充沛，地下水和地表水丰富，利于沼泽发育，故沼泽面积约占全国沼泽面积的70%左右。

第三，东部地区受纬度地带性的影响，沼泽面积有从北向南减少的总趋势。东北山地和平原，属寒温带和温带，气候比较冷湿，不仅沼泽类型多，面积也大，东北全区沼泽面积约占全国总面积的一半以上，向南至暖温带、亚热带和热带，沼泽面积迅速减小。

第五节 荒漠化和沙化土地

目前，我国已成功遏制荒漠化扩展态势，荒漠化、沙化、石漠化土地面积以年均 2424 平方公里、1980 平方公里、3860 平方公里的速度持续缩减，沙区和岩溶地区生态状况整体好转，实现了从"沙进人退"到"绿进沙退"的历史性转变。

按照每 5 年一个监测期，我国自 2004 年以来，连续 3 个监测期实现了荒漠化、沙化土地面积"双缩减"，沙区生态状况整体好转。全国第五次荒漠化和沙化土地监测显示，目前全国荒漠化土地总面积为 261.16 万平方公里，占国土总面积的 27.2%，分布于北京等 18 个省（区市）的 528 个县（市区）。全国沙化土地总面积为 172.12 万平方公里，占国土总面积的 17.93%，分布于 30 个省（区市）的 920 个县（市区）。

我国是世界上荒漠化面积最大、受影响人口最多、风沙危害最重的国家之一。全国荒漠化土地总面积 261.16 万平方公里，占国土面积的 27.2%。岩溶地区石漠化土地面积为 1007 万公顷。长期以来，我国荒漠化石漠化防治工作坚持依法防治、科学防治，不断健全法律法规，优化顶层设计，持续深化改革，加强监督考核，实施重点工程治理，强化荒漠植被保护。"十三五"期间，累计完成防沙治沙任务 1097.8 万公顷，完成石漠化治理面积 160 万公顷，建成了沙化土地封禁保护区 46 个，新增封禁面积 50 万公顷，国家沙漠（石漠）公园 50 个，落实禁牧和草畜平衡面积分别达 0.8 亿公顷、1.73 亿公顷，荒漠生态系统保护成效显著。

同时，荒漠化石漠化防治工作始终坚持治山、治水、治沙相配套，封山、育林、育草相结合，禁牧、休牧、轮牧相统一，统筹实施植树造林、草原保护、小流域综合治理、水源节水工程等各项措施，以点带面，带动沙化重点地区集中治理、规模推进，形成了工程带动、多措并举的治理格局，取得了良好的综合效益。三北工程实施 40 多年，累计完成营造林面积 3014 万公顷；京津风沙源治理工程实施 20 多年，累计完成营造林面积 902.9 万公顷。特别是引导沙区发挥比较优势，因地制宜发展特色种植养殖、沙漠旅游、生物质能源等绿色富民产业，加快推进"两山"转化，助力乡村振兴。

自《防沙治沙法》2001 年颁布，20 多年来，我国不断完善荒漠化防治制度体系建设，深入实施《防沙治沙法》，制定出台了《国务院关于进一步加强防沙治沙工作的决定》《沙化土地封禁保护修复制度方案》等规范性文件，13 个沙化严重省（区）先后颁布实施了防沙治沙实施办法、条例，形成了以法律为主体、部门规章和地方性法规为补充的防沙治沙法律体系，为我国防沙治沙提供了有力的法律保障。通过健全政府投入机制、建立荒漠生态补偿制度、完善金融扶持和税收减免政策，有效促进了各种生产要素向沙区流动，形成了政府主导、企业投入、全民参与防沙治沙的治理模式。目前，我国荒漠化防治领域多部门协作、多主体参与、多举措推进的共治格局已经构建，有力推动实现人与自然和谐共生。

我国于 1996 年正式加入《联合国防治荒漠化公约》，成为《公约》缔约国。25 年来，我国认真履行《公约》义务，把促进《公约》发展、捍卫国家利益并为发展中国家争取权益作为一项重要任务，积极参与《公约》框架下的国际法谈判、磋商、斡旋等一系列工作，提出多项建设性方案并被采纳付诸实施；积极支持国际防治荒漠化知识管理中心建设，通过开展防治荒漠化国际培训及项目示范等举措，向发展中国家输出经验和技术，为全球荒漠化治理作出积极贡献。

"十四五"期间，荒漠化石漠化防治工作将按照"全面保护、重点修复与治理"的原则，坚持因地制宜、适地适绿，充分考虑水资源承载能力，宜林则林、宜灌则灌、宜草则草、宜荒则荒，全面保护原生荒漠生态系统和沙区现有林草植被，加大对干旱绿洲区、重要沙尘源区、严重沙化草原区、严重水土流失区的生态修复和沙化土地治理力度，将科学绿化要求贯穿防治、监管全过程，统筹推进山水林田湖草沙一体化保护和修复。加强科技创新，积极探索科技成果转化途径和机制，完善科技推广服务体系，大力推广成熟适用的治理技术和模式，加强对科学防治重难点问题的研究。继续深化履约和国际合作，积极参与全球荒漠生态治理，引导公约良性发展，加强与周边及"一带一路"重点国家的荒漠化防治合作，强化东北亚防治荒漠化网络、中蒙荒漠化防治合作等多双边机制，向全球分享中国经验，彰显我国负责任大国形象，推动构建人类命运共同体。

第八章 林业与生态文明建设

第一节 现代林业与生态环境文明

一、现代林业与生态建设

维护国家的生态安全必须大力开展生态建设。国家要求"在生态建设中，要赋予林业以首要地位"，这是一个很重要的命题。这个命题至少说明现代林业在生态建设中占有极其重要的位置——首要位置。

生态建设的根本目的，是为了提升生态环境的质量，提升人与自然和谐发展、可持续发展的能力。现代林业建设对于实现生态建设的目标起着主体作用，在生态建设中处于首要地位。这是因为，森林是陆地生态系统的主体，在维护生态平衡中起着决定作用。林业承担着建设和保护"三个系统一个多样性"的重要职能，即建设和保护森林生态系统、管理和恢复湿地生态系统、改善和治理荒漠生态系统、维护和发展生物多样性。科学家把森林生态系统喻为"地球之肺"，把湿地生态系统喻为"地球之肾"，把荒漠化喻为"地球的癌症"，把生物多样性喻为"地球的免疫系统"。这"三个系统一个多样性"，对保持陆地生态系统的整体功能起着中枢作用和杠杆作用，无论损害和破坏哪一个系统，都会影响地球的生态平衡，影响地球的健康长寿，危及人类生存的根基。只有建设和保护好这些生态系统，维护和发展好生物多样性，人类才能永远地在地球这一共同的美丽家园里繁衍生息、发展进步。

（一）森林被誉为大自然的总调节器，维持着全球的生态平衡

地球上的自然生态系统可划分为陆地生态系统和海洋生态系统。其中森林生态系统是陆地生态系统中组成最复杂、结构最完整、能量转换和物质循环最旺盛、生物生产力最

高、生态效应最强的自然生态系统；是构成陆地生态系统的主体；是维护地球生态安全的重要保障，在地球自然生态系统中占有首要地位。森林在调节生物圈、大气圈、水圈、土壤圈的动态平衡中起着基础性、关键性作用。

森林生态系统是世界上最丰富的生物资源和基因库。仅热带雨林生态系统就有200万~400万种生物。森林的大面积被毁，大大加速了物种消失的速度。近200年来，濒临灭绝的物种就有将近600种鸟类、400余种兽类、200余种两栖类以及2万余种植物，这比自然淘汰的速度快1000倍。

森林是一个巨大的碳库，是大气中CO_2重要的调节者之一。一方面，森林植物通过光合作用，吸收大气中的CO_2；另一方面，森林动植物、微生物的呼吸及枯枝落叶的分解氧化等过程，又以CO_2、CO、CH_4的形式向大气中排放碳。

森林对涵养水源、保持水土、减少洪涝灾害具有不可替代的作用。据专家估算，目前我国森林的年水源涵养量达3474亿t，相当于现有水库总容量（4600亿t）的75.5%。根据森林生态定位监测，4个气候带54种森林的综合涵蓄降水能力为40.93~165.84 mm，即每公顷森林可以涵蓄降水约1000 m^3。

（二）森林在生物世界和非生物世界的能量和物质交换中扮演着主要角色

森林作为一个陆地生态系统，具有最完善的营养级体系，即从生产者（森林绿色植物）、消费者（包括草食动物、肉食动物、杂食动物以及寄生和腐生动物）到分解者全过程完整的食物链和典型的生态金字塔。由于森林生态系统面积大，树木形体高大，结构复杂，多层的枝叶分布使叶面积指数大，因此光能利用率和生产力在天然生态系统中是最高的。除了热带农业以外，净生产力最高的就是热带森林，连温带农业也比不上它。以温带地区几个生态系统类型的生产力相比较，森林生态系统的平均值是最高的。以光能利用率来看，热带雨林年平均光能利用率可达4.5%，落叶阔叶林为1.6%，北方针叶林为1.1%，草地为0.6%，农田为0.7%。由于森林面积大，光合利用率高，因此森林的生产力和生物量均比其他生态系统类型高。据推算，全球生物量总计为1856亿t，其中99.8%是在陆地上。森林每年每公顷生产的干物质量达6~8t，生物总量达1664亿t，占全球的90%左右，而其他生态系统所占的比例很小，如草原生态系统只占4.0%，苔原和半荒漠生态系统只占1.1%。

全球森林每年所固定的总能量约为$13×10^{17}$ kJ，占陆地生物每年固定的总能量$20.5×10^{17}$ kJ 的63.4%。因此，森林是地球上最大的自然能量储存库。

（三） 森林对保持全球生态系统的整体功能起着中枢和杠杆作用

在世界范围内，由于森林剧减，引发日益严峻的生态危机。森林减少是由人类长期活动的干扰造成的。在人类文明之初，人少林茂兽多，常用焚烧森林的办法，获得熟食和土地，并借此抵御野兽的侵袭。进入农耕社会之后，人类的建筑、薪材、交通工具和制造工具等，皆需要采伐森林，尤其是农业用地、经济林的种植，皆由原始森林转化而来。工业革命兴起，大面积森林又变成工业原材料。直到今天，城乡建设、毁林开垦、采伐森林，仍然是许多国家经济发展的重要方式。

伴随人类对森林的一次次破坏，接踵而来的是森林对人类的不断报复。巴比伦文明毁灭了，玛雅文明消失了，黄河文明衰退了。水土流失、土地荒漠化、洪涝灾害、干旱缺水、物种灭绝、温室效应，无一不与森林面积减少、质量下降密切相关。

由于水资源匮乏、土地退化、热带雨林毁坏、物种灭绝、过量捕鱼、大型城市空气污染等问题，地球已呈现全面的生态危机。这些自然灾害与厄尔尼诺现象有关，但是人类大肆砍伐森林、破坏环境是导致严重自然灾害的一个重要因素。

我国森林的破坏导致了水患和沙患两大心腹之患。西北高原森林的破坏导致大量泥沙进入黄河，使黄河成为一条悬河。长江流域的森林破坏也是近现代以来长江水灾不断加剧的根本原因。北方几十万平方千米的沙漠化土地和日益肆虐的沙尘暴，也是森林破坏的恶果。人们总是经不起森林的诱惑，索取物质材料，却总是忘记森林作为大地屏障、江河的保姆、陆地生态的主体，对于人类的生存具有不可替代的整体性和神圣性。

地球上包括人类在内的一切生物都以其生存环境为依托。森林是人类的摇篮、生存的庇护所，它用绿色装点大地，给人类带来生命和活力，带来智慧和文明，也带来资源和财富。森林是陆地生态系统的主体，是自然界物种最丰富、结构最稳定、功能最完善也最强大的资源库、再生库、基因库、碳储库、蓄水库和能源库，除了能提供食品、医药、木材及其他生产生活原料外，还具有调节气候、涵养水源、保持水土、防风固沙、改良土壤、减少污染、保护生物多样性、减灾防洪等多种生态功能，对改善生态、维持生态平衡、保护人类生存发展的自然环境起着基础性、决定性和不可替代的作用。在各种生态系统中，森林生态系统对人类的影响最直接、最重大，也最关键。离开了森林的庇护，人类的生存与发展就会丧失根本和依托。

森林和湿地是陆地最重要的两大生态系统，它们以70%以上的程度参与和影响着地球化学循环的过程，在生物界和非生物界的物质交换和能量流动中扮演着主要角色，对保持陆地生态系统的整体功能、维护地球生态平衡、促进经济与生态协调发展发挥着中枢和杠杆作用。林业就是通过保护和增强森林、湿地生态系统的功能来生产出生态产品。这些生态产品主要包括：吸收 CO_2、释放 O_2、涵养水源、保持水土、净化水质、防风固沙、调节气候、清洁空气、减少噪声、吸附粉尘、保护生物多样性等。

二、现代林业与生物安全

（一）生物安全问题

生物安全是生态安全的一个重要领域。目前，国际上普遍认为，威胁国家安全的不只是外敌入侵，诸如外来物种的入侵、转基因生物的蔓延、基因食品的污染、生物多样性的锐减等生物安全问题也危及人类的未来和发展，也直接影响着国家安全。维护生物安全，对于保护和改善生态环境，保障人的身心健康，保障国家安全，促进经济、社会可持续发展，具有重要的意义。在生物安全问题中，与现代林业紧密相关的主要是生物多样性锐减及外来物种入侵。

1. 生物多样性锐减

由于森林的大规模破坏，全球范围内生物多样性显著下降。根据专家测算，由于森林的大量减少和其他种种因素，现在物种的灭绝速度是自然灭绝速度的 1000 倍。

我国的野生动植物资源十分丰富，在世界上占有重要地位。由于我国独特的地理环境，有大量的特有种类，并保存着许多古老的孑遗动植物属种，如有活化石之称的大熊猫、白鳍豚、水杉、银杉等。但随着生态环境的不断恶化，野生动植物的栖息环境受到破坏，对动植物的生存造成极大危害，使其种群急剧减少，有的已灭绝，有的正面临灭绝的威胁。

据统计，麋鹿、高鼻羚羊、犀牛、野马、白臀叶猴等珍稀动物已在我国灭绝。高鼻羚羊是 20 世纪 50 年代以后在新疆灭绝的。大熊猫、金丝猴、东北虎、华南虎、云豹、丹顶鹤、黄腹角雉、白鳍豚、多种长臂猿等 20 个珍稀物种分布区域已显著缩小，种群数量骤减，正面临灭绝危害。

我国高等植物中濒危或接近濒危的物种已达 4000~5000 种，占高等植物总数的 15%~20%，高于世界平均水平。有的植物已经灭绝，如崖柏、雁荡润楠、喜雨草等。一种植物的灭绝将引起 10~30 种其他生物的丧失。许多曾分布广泛的种类，现在分布区域已明显缩小，且数量锐减。

关于生态破坏对微生物造成的危害，在我国尚不十分清楚，但一些野生食用菌和药用菌，由于过度采收造成资源日益枯竭的状况越来越严重。

2. 外来物种大肆入侵

根据世界自然保护联盟（IUCN）的定义，外来物种入侵是指在自然、半自然生态系统或生态环境中，外来物种建立种群并影响和威胁到本地生物多样性的过程。毋庸置疑，正确的外来物种的引进会增加引种地区生物的多样性，也会极大丰富人们的物质生活。相反，不适当的引种则会使得缺乏自然天敌的外来物种迅速繁殖，并抢夺其他生物的生存空间，进而导致生态失衡及其他本地物种的减少和灭绝，严重危及一国的生态安全。从某种意义上说，外来物种引进的结果具有一定程度的不可预见性。这也使得外来物种入侵的防治工作显得更加复杂和困难。在国际层面上，目前已制定有以《生物多样性公约》为首的防治外来物种入侵等多边环境条约以及与之相关的卫生、检疫制度或运输的技术指导文件等。

20 世纪 80 年代以后，林业外来有害生物的入侵速度明显加快，每年给我国造成经济损失数量之大触目惊心。外来生物入侵既与自然因素和生态条件有关，更与国际贸易和经济的迅速发展密切相关，人为传播已成为其迅速扩散蔓延的主要途径。因此，如何有效抵御外来物种入侵是摆在我们面前的一个重要问题。

（二）现代林业对保障生物安全的作用

生物多样性包括遗传多样性、物种多样性和生态系统多样性。森林是一个庞大的生物世界，是数以万计的生物赖以生存的家园。森林中除了各种乔木、灌木、草本植物外，还有苔藓、地衣、蕨类、鸟类、兽类、昆虫等生物及各种微生物。据统计，目前地球上 500 万~5000 万种生物中，有 50%~70% 在森林中栖息繁衍，因此森林生物多样性在地球上占有首要位置。在世界林业发达国家，保持生物多样性成为其林业发展的核心要求和主要标准，比如在美国密西西比河流域，人们对森林的保护意识就是从猫头鹰的锐减而开始警醒的。

1. 森林与保护生物多样性

森林是以树木和其他木本植物为主体的植被类型，是陆地生态系统中最大的亚系统，是陆地生态系统的主体。森林生态系统是指由以乔木为主体的生物群落（包括植物、动物和微生物）及其非生物环境（光、热、水、气、土壤等）综合组成的动态系统，是生物与环境、生物与生物之间进行物质交换、能量流动的景观单位。森林生态系统不仅分布面积广并且类型众多，超过陆地上的任何其他生态系统，它的立体成分体积大、寿命长、层次多，有着巨大的地上和地下空间及长效的持续周期，是陆地生态系统中面积最大、组成最复杂、结构最稳定的生态系统，对其他陆地生态系统有很大的影响和作用。森林不同于其他陆地生态系统，具有面积大、分布广、树形高大、寿命长、结构复杂、物种丰富、稳定性好、生产力高等特点，是维持陆地生态平衡的重要支柱。

森林拥有最丰富的生物种类。有森林存在的地方，一般环境条件不太严酷，水分和温度条件较好，适于多种生物的生长。而林冠层的存在和森林多层性造成在不同的空间形成了多种小环境，为各种需要特殊环境条件的植物创造了生存的条件。丰富的植物资源又为各种动物和微生物提供了食料和栖息繁衍的场所。因此，在森林中有着极其丰富的生物物种资源。森林中除建群树种外，还有大量的植物包括乔木、亚乔木、灌木、藤本、草本、菌类、苔藓、地衣等。森林动物从兽类、鸟类，到两栖类、爬虫、线虫、昆虫，以及微生物等，不仅种类繁多，而且个体数量大，是森林中最活跃的成分。全世界有 500 万 ~ 5000 万个物种，而人类迄今从生物学上描述或定义的物种（包括动物、植物、微生物）仅有 140 万~170 万种，其中半数以上的物种分布在仅占全球陆地面积 7% 的热带森林里。例如，我国西双版纳的热带雨林 2500 m^2 内（表现面积）就有高等植物 130 种，而东北平原的羊草草原 1000 m^2（表现面积）只有 10~15 种，可见森林生态系统的物种明显多于草原生态系统。至于农田生态系统，生物种类更是简单量少。当然，不同的森林生态系统的物种数量也有很大差异，其中热带森林的物种最为丰富，它是物种形成的中心，为其他地区提供来了各种"祖系原种"。另外，还有许多物种在我们人类尚未发现和利用之前就由于大规模的森林被破坏而灭绝了，这对我们人类来说是一个无法挽回的损失。目前，世界上有 30 余万种植物、4.5 万种脊椎动物和 500 万种非脊椎动物，我国有木本植物 8000 余种，乔木 2000 余种，是世界上森林树种最丰富的国家之一。

森林组成结构复杂。森林生态系统的植物层次结构比较复杂，一般至少可分为乔木层、亚乔木层、下木层、灌木层、草本层、苔藓地衣层、枯枝落叶层、根系层以及分布于地上部分各个层次的层外植物垂直面和零星斑块、片层等。它们具有不同的耐阴能力和水湿要求，按其生态特点分别分布在相应的林内空间小生境或片层，年龄结构幅度广，季相变化大，因此形成复杂、稳定、壮美的自然景观。乔木层中还可按高度不同划分为若干层次。例如，我国东北红松阔叶林地乔木层常可分为 3 层：第一层由红松组成；第二层由椴树、云杉、裂叶榆和色木等组成；第三层由冷杉、青楷槭等组成。在热带雨林内层次更为复杂，乔木层就可分为 4 或 5 层，有时形成良好地垂直郁闭，各层次间没有明显的界线，很难分层。例如，我国海南岛的一块热带雨林乔木层可分为三层或三层以上。第一层由蝴蝶树、青皮、坡垒细子龙、等散生巨树构成，树高可达40 m；第二层由山荔枝、多种厚壳楮、多种蒲桃、多种柿树，各种　木和大花第伦桃等组成，这一层有时还可分层，下层乔木有粗毛野桐、几种白颜、白茶和阿芳等。下层乔木下面还有灌木层和草本层，地下根系存在浅根层和深根层。此外还有种类繁多的藤本植物、附生植物分布于各层次。森林生态系统中各种植物和成层分布是植物对林内多种小生态环境的一种适应现象，有利于充分利用营养空间和提高森林的稳定性。由耐阴树种组成的森林系统，年龄结构比较复杂，同一树种不同年龄的植株分布于不同层次形成异龄复层林。如西藏的藓类长苞冷杉林为多代的异龄天然林，年龄从40年生至300年生以上均有，形成比较复杂的异龄复层林。东北的红松也有不少为多世代并存的异龄林，如带岭的一块蕨类榛子红松林，红松的年龄分配延续10个龄级，年龄的差异达200年左右。异龄结构的复层林是某些森林生态系统的特有现象，新的幼苗、幼树在林层下不断生长繁衍代替老的一代，因此这一类森林生态系统稳定性较大，常常是顶级群落。

森林分布范围广，形体高大，长寿稳定。森林约占陆地面积的29.6%。由落叶或常绿以及具有耐寒、耐旱、耐盐碱或耐水湿等不同特性的树种形成的各种类型的森林（天然林和人工林），分布在寒带、温带、亚热带、热带的山区、丘陵、平地，甚至沼泽、海涂滩地等地方。森林树种是植物界中最高大的植物，由优势乔木构成的林冠层可达十几米、数十米，甚至上百米。我国西藏波密地丽江云杉高达60~70 m，云南西双版纳地望天树高达70~80 m。北美红杉和巨杉也都是世界上最高大的树种，能够长到100 m以上，而澳大利亚的桉树甚至可高达150 m。树木的根系发达，深根性树种的主根可深入地下数米至十几米。树木的高大形体在竞争光照条件方面明显占据有利地位，而光照条件在植物种间生存竞争中往往起着决定性作用。因此，在水分、温度条件适于森林生长的地方，乔木在与其他植物的竞争过程中常占优势。此外，由于森林生态系统具有高大的林冠层和较深的根系层，因此它们对林内小气候和土壤条件的影响均大于其他生态系统，并且还明显地影响着森林周围地区的小气候和水文情况。树木为多年生植物，寿命较长。有的树种寿命很长。森林树种的长寿性使森林生态系统较为稳定，并对环境产生长期而稳定的影响。

2. 湿地与生物多样性保护

湿地是指不问其为天然或人工、长久或暂时的沼泽地、泥炭地或水域地带，带有静止或流动的淡水、半咸水或咸水水体，包括低潮时水深不超过6 m的水域。按照这个定义，湿地包括沼泽、泥炭地、湿草甸、湖泊、河流、滞蓄洪区、河口三角洲、滩涂、水库、池塘、水稻田，以及低潮时水深浅于 6 m 的海域地带等。目前，全球湿地面积约有 570 万 km^2，约占地球陆地面积的 6%，其中，湖泊占 2%，泥塘占 30%，泥沼占 26%，沼泽占 20%，洪泛平原约占 15%。

湿地覆盖地球表面仅为 6%，却为地球上 20% 已知物种提供了生存环境。湿地复杂多样的植物群落，为野生动物尤其是一些珍稀或濒危野生动物提供了良好的栖息地，是鸟类、两栖类动物的繁殖、栖息、迁徙、越冬的场所。例如，象征吉祥和长寿的濒危鸟类—丹顶鹤，在从俄罗斯远东迁徙至我国江苏盐城国际重要湿地的 2000 km 的途中，要花费约 1 个月的时间，在沿途 25 块湿地停歇和觅食，如果这些湿地遭受破坏，将给像丹顶鹤这样迁徙的濒危鸟类带来致命的威胁。湿地水草丛生特殊的自然环境，虽不是哺乳动物种群的理想家园，却能为各种鸟类提供丰富的食物来源和营巢、避敌的良好条件。可以说，保存完好的自然湿地，能使许多野生生物能够在不受干扰的情况下生存和繁衍，完成其生命周期，由此保存了许多物种的基因特性。

我国是世界上湿地资源丰富的国家之一，湿地资源占世界总量的 10%，居世界第四位，亚洲第一位。我国 1992 年加入《湿地公约》。《湿地公约》划分的 40 类湿地，我国均有分布，是全球湿地类型最丰富的国家。根据我国湿地资源的现状以及《湿地公约》对湿地的分类系统，我国湿地共分为五大类，即四大类自然湿地和一大类人工湿地。自然湿地包括海滨湿地、河流湿地、湖泊湿地和沼泽湿地，人工湿地包括水稻田、水产池塘、水塘、灌溉地，以及农用洪泛湿地、蓄水区、运河、排水渠、地下输水系统等。

3. 与外来物种入侵

外来林业有害生物对生态安全构成极大威胁。外来入侵种通过竞争或占据本地物种生态位，排挤本地物种的生存，甚至分泌释放化学物质，抑制其他物种生长，使当地物种的种类和数量减少，不仅造成巨大的经济损失，更对生物多样性、生态安全和林业建设构成了极大威胁。近年来，随着国际和国内贸易频繁，外来入侵生物的扩散蔓延速度加剧。

（三）加强林业生物安全保护的对策

1. 加强保护森林生物多样性

根据森林生态学原理，在充分考虑物种的生存环境的前提下，用人工促进的方法保护森林生物多样性。一是强化林地管理。林地是森林生物多样性的载体，在统筹规划不同土地利用形式的基础上，要确保林业用地不受侵占及毁坏。林地用于绿化造林，采伐后及时更新，保证有林地占林业用地的足够份额。在荒山荒地造林时，贯彻适地适树营造针阔混交林的原则，增加森林的生物多样性。二是科学分类经营。实施可持续林业经营管理对森林实施科学分类经营，按不同森林功能和作用采取不同的经营手段，为森林生物多样性保护提供了新的途径。三是加强自然保护区的建设。对受威胁的森林动植物实施就地保护和迁地保护策略，保护森林生物多样性。建立自然保护区有利于保护生态系统的完整性，从而保护森林生物多样性。目前，还存在保护区面积比例不足，分布不合理，用于保护的经费及技术明显不足等问题。四是建立物种的基因库。这是保护遗传多样性的重要途径，同时信息系统是生物多样性保护的重要组成部分。因此，尽快建立先进的基因数据库，并根据物种存在的规模、生态环境、地理位置建立不同地区适合生物进化、生存和繁衍的基因局域保护网，最终形成全球性基金保护网，实现共同保护的目的。也可建立生境走廊，把相互隔离的不同地区的生境连接起来构成保护网、种子库等。

2. 防控外来有害生物入侵蔓延

一是加快法制进程，实现依法管理。建立完善的法律体系是有效防控外来物种的首要任务。要修正立法目的，制定防控生物入侵的专门性法律，要从国家战略的高度对现有法律法规体系进行全面评估，并在此基础上通过专门性立法来扩大调整范围，对管理的对象、权利与责任等问题做出明确规定。要建立和完善外来物种管理过程中的责任追究机制，做到有权必有责、用权受监督、侵权要赔偿。二是加强机构和体制建设，促进各职能部门行动协调。外来入侵物种的管理是政府一项长期的任务，涉及多个环节和诸多部门，应实行统一监督管理与部门分工负责相结合，中央监管与地方管理相结合，政府监管与公众监督相结合的原则，进一步明确各部门的权限划分和相应的职责，在检验检疫，农、林、牧、渔、海洋、卫生等多部门之间建立合作协调机制，以共同实现对外来入侵物种的有效管理。三是加强检疫封锁。实践证明，检疫制度是抵御生物入侵的重要手段之一，特别是对于无意引进而言，无疑是一道有效的安全屏障。要进一步完善检验检疫配套法规与标准体系及各项工作制度建设，不断加强信息收集、分析有害生物信息网络，强化疫情意识，加大检疫执法力度，严把国门。在科研工作方面，要强化基础建设，建立控制外来物种技术支持基地；加强检验、监测和检疫处理新技术研究，加强有害生物的生物学、生态学、毒理学研究。四是加强引种管理，防止人为传人。要建立外来有害生物入侵风险的评估方法和评估体系。立引种政策，建立经济制约机制，加强引种后的监管。五是加强教育引导，提高公众防范意识。还要加强国际交流与合作。

3. 加强对林业转基因生物的安全监管

随着国内外生物技术的不断创新发展，人们对转基因植物的生物安全性问题也越来关注。可以说，生物安全和风险评估本身是一个进化过程，随着科学的发展，生物安全的概念、风险评估的内容、风险的大小以及人们所能接受的能力都将发生变化。与此同时，植物转化技术将不断在转化效率和精确度等方面得到改进。因此，在利用转基因技术对树木进行改造的同时，我们要处理好各方面的关系。一方面应该采取积极的态度去开展转基因林木的研究；另一方面要加强转基因林木生态安全性的评价和监控，降低其可能对生态环境造成的风险，使转基因林木扬长避短，开创更广阔的应用前景。

三、现代林业与人居生态质量

（一）现代人居生态环境问题

城市化的发展和生活方式的改变在为人们提供各种便利的同时，也给人类健康带来了新的挑战。在中国的许多城市，各种身体疾病和心理疾病，正在成为人类健康的"隐形杀手"。

1. 空气污染

我们周围空气质量与我们的健康和寿命紧密相关。据统计，中国每年空气污染导致1500万人患支气管病，有200万人死于癌症，而重污染地区死于肺癌的人数比空气良好的地区高 4.7~8.8 倍。

2. 土壤、水污染

现在，许多城市郊区的环境污染已经深入到土壤、地下水，达到了即使控制污染源，短期内也难以修复的程度。

3. 灰色建筑、光污染

夏季阳光强烈照射时，城市里的玻璃幕墙、釉面砖墙、磨光大理石和各种涂层反射线会干扰视线，损害视力。长期生活在这种视觉空间里，人的生理、心理都会受到很大影响。

4. 紫外线、环境污染

强光照在夏季时会对人体有灼伤作用，而且辐射强烈，使周围环境温度增高，影响人们的户外活动。同时城市空气污染物含量高，对人体皮肤也十分有害。

5. 噪声污染

城市现代化工业生产、交通运输、城市建设造成环境噪声的污染也日趋严重，已成城市环境的一大公害。

6. 心理疾病

很多城市的现代化建筑不断增加，人们工作生活节奏不断加快，而自然的东西越来越少，接触自然成为偶尔为之的奢望，这是造成很多人心理疾病的重要因素城市灾害。城市建筑集中，人口密集，发生地震、火灾等重大灾害时，把人群快速疏散到安全地带，对于减轻灾害造成的人员伤亡非常重要。

（二）人居森林和湿地的功能

1. 城市森林的功能

发展城市森林、推进身边增绿是建设生态文明城市的必然要求，是实现城市经济社会科学发展的基础保障，是提升城市居民生活品质的有效途径，是建设现代林业的重要内容。国内外经验表明，一个城市只有具备良好的森林生态系统，使森林和城市融为一体，高大乔木绿色葱茏，各类建筑错落有致，自然美和人文美交相辉映，人与自然和谐相处，才能称得上是发达的、文明的现代化城市。当前，我国许多城市，特别是工业城市和生态脆弱地区城市，生态承载力低已经成为制约经济社会科学发展的瓶颈。在城市化进程不断加快、城市生态面临巨大压力的今天，通过大力发展城市森林，为城市经济社会科学发展提供更广阔的空间，显得越来越重要、越来越迫切。

净化空气，维持碳氧平衡。城市森林对空气的净化作用，主要表现在能杀灭空气中分布的细菌，吸滞烟灰粉尘，稀释、分解、吸收和固定大气中的有毒有害物质，再通过光合作用形成有机物质。绿色植物能扩大空气负氧离子量，城市林带中空气负氧离子的含量是城市房间里的 200~400 倍。据测定，城市中一般场所的空气负氧离子含量是 1000~3000 个/cm^3，多的可达 10000~60000 个/cm^3，城市森林能有效改善市区内的碳氧平衡。植物通过光合作用吸收 CO_2，释放 O_2，在城市低空范围内从总量上调节和改善城区碳氧平衡状况，缓解或消除局部缺氧，改善局部地区空气质量。

调节和改善城市小气候，增加湿度，减弱噪声。城市近自然森林对整个城市的降水、湿度、气温、气流都有一定的影响，能调节城市小气候。城市地区及其下风侧的年降水总量比农村地区偏高 5%~15%。其中雷暴雨增加 10%~15%；城市年平均相对湿度都比郊区低 5%~10%。林草能缓和阳光的热辐射，使酷热的天气降温、失燥，给人以舒适的感觉。据测定，夏季乔灌草结构的绿地气温比非绿地低 4.8℃，空气湿度可以增加 10%~20%。林区同期的 3 种温度的平均值及年较差都低于市区；四季长度比市区的秋、冬季各长 1

候，夏季短 2 候。城市森林对近地层大气有补湿功能。林区的年均蒸发量比市区低 19%，其中，差值以秋季最大（25%），春季最小（16%）；年均降水量则林区略多 4%，又以冬季为最多（10%）。树木增加的空气湿度相当于相同面积水面的 10 倍。植物通过叶片大量蒸腾水分而消耗城市中的辐射热，并通过树木枝叶形成的浓荫阻挡太阳的直接辐射热和来自路面、墙面和相邻物体的反射热产生降温增湿效益，对缓解城市热岛效应具有重要意义。此外，城市森林可减弱噪音。据测定，绿化林带可以吸收声音的 26%，绿化的街道比不绿化的可以降低噪声 8~10dB。

涵养水源、防风固沙。树木和草地对保持水土有非常显著的功能。

维护生物物种的多样性。城市森林的建设可以提高初级生产者（树木）的产量，保持食物链的平衡，同时为兽类、昆虫和鸟类提供栖息场所，使城市中的生物种类和数量增加，保持生态系统的平衡，维护和增加生物物种的多样性。

城市森林带来的社会效益。城市森林社会效益是指森林为人类社会提供的除经济效益和生态效益之外的其他一切效益，包括对人类身心健康的促进、对人类社会结构的改进以及对人类社会精神文明状态的改进。森林社会效益的构成因素包括：精神和文化价值、游憩、游戏和教育机会，对森林资源的接近程度，国有林经营和决策中公众的参与，人类健康和安全，文化价值等。城市森林的社会效益表现在美化市容，为居民提供游憩场所。以乔木为主的乔灌木结合的"绿道"系统，能够提供良好的遮阴与湿度适中的小环境，减少酷暑行人曝晒的痛苦。城市森林有助于市民绿色意识的形成。城市森林还具有一定的医疗保健作用。城市森林建设的启动，除了可以提供大量绿化施工岗位外，还可以带动苗木培育、绿化养护等相关产业的发展，为社会提供大量新的就业岗位。

2，湿地在改善人居方面的功能

湿地与人类的生存、繁衍、发展息息相关，是自然界最富生物多样性的生态系统和人类最主要的生存环境之一，它不仅为人类的生产、生活提供多种资源，而且具有巨大的环境功能和效益，在抵御洪水、调节径流、蓄洪防旱、降解污染、调节气候、控制土壤侵蚀、促淤造陆、美化环境等方面有其他系统不可替代的作用。湿地被誉为"地球之肾"和"生命之源"。由于湿地具有独特的生态环境和经济功能，同森林——"地球之肺"有着同等重要的地位和作用，是国家生态安全的重要组成部分，湿地的保护必然成为全国生态建设的重要任务。湿地的生态服务价值居全球各类生态系统之首，不仅能储藏大量淡水，运行成本亦极低，为其他方法的 1/6~1/10。因此，湿地对地球生态环境保护及人类和谐持续发展具有极为重要的作用。

大气组分调节功能。湿地内丰富的植物群落能够吸收大量的 CO_2 放出 O_2 湿地中的一些植物还具有吸收空气中有害气体的功能，能有效调节大气组分。但同时也必须注意到，湿地生境也会排放出甲烷、氨气等温室气体。沼泽有很大的生物生产效能，植物在有机质形成过程中，不断吸收 CO_2 和其他气体，特别是一些有害的气体。沼泽地上的 O_2 很少消耗于死亡植物残体的分解。沼泽还能吸收空气中的粉尘及携带的各种菌，从而起到净化空气的作用。另外，沼泽堆积物具有很大的吸附能力，污水或含重金属的工业废水，通过沼泽能吸附金属离子和有害成分。

水分调节功能。湿地在时空上可分配不均的降水，通过湿地的吞吐调节，避免水旱灾害。七里海湿地是天津滨海平原重要的蓄滞洪区，安全蓄洪深度 3.5~4m。沼泽湿地具有湿润气候、净化环境的功能，是生态系统的重要组成部分。其大部分发育在负地貌类型中，长期积水，生长了茂密的植物，其下根茎交织，残体堆积。据实验研究，每公顷的沼泽在生长季节可蒸发掉 7415t 水分，可见其调节气候的巨大功能。

净化功能。一些湿地植物能有效地吸收水中的有毒物质，净化水质，如氮、磷、钾及其他一些有机物质，通过复杂的物理、化学变化被生物体储存起来，或者通过生物的转移（如收割植物、捕鱼等）等途径，永久地脱离湿地，参与更大范围的循环。沼泽湿地中有相当一部分的水生植物，包括挺水性、浮水性和沉水性的植物，具有很强的清除毒物的能力，是毒物的克星。正因为如此，人们常常利用湿地植物的这一生态功能来净化污染物中的病毒，有效地清除了污水中的"毒素"，达到净化水质的目的。例如，凤眼莲、香蒲和芦苇等被广泛地用来处理污水，用来吸收污水中浓度很高的重金属镉、铜、锌等。在印度的卡尔库塔市，城内设有一座污水处理场，所有生活污水都排入东郊的人工湿地，其污水处理费用相当低，成为世界性的典范。

提供动物栖息地功能。湿地复杂多样的植物群落，为野生动物尤其是一些珍稀或濒危野生动物提供了良好的栖息地，是鸟类、两栖类动物的繁殖、栖息、迁徙、越冬的场所。沼泽湿地特殊的自然环境虽有利于一些植物的生长，却不是哺乳动物种群的理想家园，只是鸟类能在这里获得特殊的享受。因为水草丛生的沼泽环境为各种鸟类提供了丰富的食物来源和营巢、避敌的良好条件。在湿地内常年栖息和出没的鸟类有天鹅、白鹳、鹈鹕、大雁、白鹭、苍鹰、浮鸥、银鸥、燕鸥、苇莺、掠鸟等约 200 种。

调节城市小气候。湿地水分通过蒸发成为水蒸气，然后又以降水的形式降到周围地区，可以保持当地的湿度和降雨量。

能源与航运。湿地能够提供多种能源，水电在中国电力供应中占有重要地位，水能蕴藏占世界第一位，达6.8亿kW巨大的开发潜力。我国沿海多河口港湾，蕴藏着巨大的潮汐能。从湿地中直接采挖泥炭用于燃烧，湿地中的林草作为薪材，是湿地周边农村中重要的能源来源。另外，湿地有着重要的水运价值，沿海沿江地区经济的快速发展，很大程度上是受惠于此。中国约有10万km内河航道，内陆水运承担了大约30%的货运量。

旅游休闲和美学价值。湿地具有自然观光、旅游、娱乐等美学方面的功能，中国有许多重要的旅游风景区都分布在湿地区域。滨海的沙滩、海水是重要的旅游资源，还有不少湖泊因自然景色壮观秀丽而吸引人们向往，辟为旅游和疗养胜地。滇池、太湖、洱海、杭州西湖等都是著名的风景区，除可创造直接的经济效益外，还具有重要的文化价值。尤其是城市中的水体，在美化环境、调节气候、为居民提供休憩空间方面有着重要的社会效益。湿地生态旅游是在观赏生态环境、领略自然风光的同时，以普及生态、生物及环境知识，保护生态系统及生物多样性为目的的新型旅游，是人与自然的和谐共处，是人对大自然的回归。发展生态湿地旅游能提高公共生态保护意识、促进保护区建设，反过来又能向公众提供赏心悦目的景色，实现保护与开发目标的双赢。

教育和科研价值。复杂的湿地生态系统、丰富的动植物群落、珍贵的濒危物种等，在自然科学教育和研究中都有十分重要的作用，它们为教育和科学研究提供了对象、材料和试验基地。一些湿地中保留着过去和现在的生物、地理等方面演化进程的信息，在研究环境演化、古地理方面有着重要价值。

第二节 现代林业与生态物质文明

一、现代林业与经济建设

（一）林业推动生态经济发展的理论基础

1.自然资本理论

自然资本理论为森林对生态经济发展产生巨大作用提供立论根基。生态经济是对200多年来传统发展方式的变革，它的一个重要的前提就是自然资本正在成为人类发展的主要因素，自然资本将越来越受到人类的关注，进而影响经济发展。森林资源作为可再生的资源，是重要的自然生产力，它所提供的各种产品和服务将对经济具有较大的促进作用，同时也将变的越来越稀缺。用来表明经济系统物质规模大小的最好指标是人类占有光合作用产物的比例，森林作为陆地生态系统中重要的光合作用载体，约占全球光合作用的1/3，森林的利用对于经济发展具有重要的作用。

2. 生态经济理论

生态经济理论为林业作用于生态经济提供发展方针。首先，生态经济要求将自然资本的新的稀缺性作为经济过程的内生变量，要求提高自然资本的生产率以实现自然资本的节约，这给林业发展的启示是要大力提高林业本身的效率，包括森林的利用效率。其次，生态经济强调好的发展应该是在一定的物质规模情况下的社会福利的增加，森林的利用规模不是越大越好，而是具有相对的一个度，林业生产的规模也不是越大越好，关键看是不是能很合适地嵌入到经济的大循环中。再次，在生态经济关注物质规模一定的情况下，物质分布需要从占有多的向占有少的流动，以达到社会的和谐，林业生产将平衡整个经济发展中的资源利用。

3. 环境经济理论

环境经济理论提高了在生态经济中发挥林业作用的可操作性。环境经济学强调当人类活动排放的废弃物超过环境容量时，为保证环境质量必须投入大量的物化劳动和活劳动。这部分劳动已越来越成为社会生产中的必要劳动，发挥林业在生态经济中的作用越来越成为一种社会认同的事情，其社会和经济可实践性大大增加。环境经济学理论还认为为了保障环境资源的永续利用，也必须改变对环境资源无偿使用的状况，对环境资源进行计量，实行有偿使用，使社会不经济性内在化，使经济活动的环境效应能以经济信息的形式反馈到国民经济计划和核算的体系中，保证经济决策既考虑直接的近期效果，又考虑间接的长远效果。环境经济学为林业在生态经济中的作用的发挥提供了方法上的指导，具有较强的实践意义。

4. 循环经济理论

循环经济的"3R"原则为林业发挥作用提供了具体目标。"减量化、再利用和资源化"是循环经济理论的核心原则，具有清晰明了的理论路线，这为林业贯彻生态经济发展方针提供了具体、可行的目标。首先，林业自身是贯彻"3R"原则的主体，林业是传统经济中的重要部门，为国民经济和人民生活提供丰富的木材和非木质林产品，为造纸、建筑和装饰装潢、煤炭、车船制造、化工、食品、医药等行业提供重要的原材料，林业本身要建立循环经济体，贯彻好"3R"原则。其次，林业促进其他产业乃至整个经济系统实现"3R"，森林具有固碳制氧、涵养水源、保持水土、防风固沙等生态功能，为人类的生

产生活提供必需的 O_2，吸收 CO_2，净化经济活动中产生的废弃物，在减缓地球温室效应、维护国土生态安全的同时，也为农业、水利、水电、旅游等国民经济部门提供着不可或缺的生态产品和服务，是循环经济发展的重要载体和推动力量，促进了整个生态经济系统实现循环经济。

（二）现代林业促进经济排放减量化

1. 林业自身排放的减量化

林业本身是生态经济体，排放到环境中的废弃物少。以森林资源为经营对象的林业第一产业是典型的生态经济体，木材的采伐剩余物可以留在森林，通过微生物的作用降解为腐殖质，重新参与到生物地球化学循环中。随着生物肥料、生物药剂的使用，初级非木质林产品生产过程中几乎不会产生对环境具有破坏作用的废弃物。林产品加工企业也是减量化排放的实践者，通过技术改革，完全可以实现木竹材的全利用，对林木的全树利用和多功能、多效益的循环高效利用，实现对自然环境排放的最小化。例如，竹材加工中竹竿可进行拉丝，梢头可以用于编织，竹下端可用于烧炭，实现了全竹利用；林浆纸一体化循环发展模式促使原本分离的林、浆、纸 3 个环节整合在一起，让造纸业负担起造林业的责任，自己解决木材原料的问题，发展生态造纸，形成以纸养林，以林促纸的生产格局，促进造纸企业永续经营和造纸工业的可持续发展。

2. 林业促进废弃物的减量化

森林吸收其他经济部门排放的废弃物，使生态环境得到保护。发挥森林对水资源的涵养、调节气候等功能，为水电、水利、旅游等事业发展创造条件，实现森林和水资源的高效循环利用，减少和预防自然灾害，加快生态农业、生态旅游等事业的发展。林区功能型生态经济模式有林草模式、林药模式、林牧模式、林菌模式、林禽模式等。森林本身具有生态效益，对其他产业产生的废气、废水、废弃物具有吸附、净化和降解作用，是天然的过滤器和转化器，能将有害气体转化为新的可利用的物质，如对 SO_2、碳氢化合物、氟化物，可通过林地微生物、树木的吸收，削减其危害程度。

林业促进其他部门减量化排放。森林替代其他材料的使用，减少了资源的消耗和环境的破坏。森林资源是一种可再生的自然资源，可以持续性地提供木材，木材等森林资源的加工利用能耗小，对环境的污染也较轻，是理想的绿色材料。木材具有可再生、可降解、可循环利用、绿色环保的独特优势，与钢材、水泥和塑料并称四大材料，木材的可降解性减少了对环境的破坏。另外，森林是一种十分重要的生物质能源，就其能源当量而言，是仅次于煤、石油、天然气的第四大能源。森林以其占陆地生物物种 50% 以上和生物质总量 70% 以上的优势而成为各国新能源开发的重点。我国生物质能资源丰富，现有木本油料林总面积超过 400 万 hm²，种子含油量在 40% 以上的植物有 154 种，每年可用于发展生物质能源的生物量为 3 亿 t 左右，折合标准煤约 2 亿 t。利用现有林地，还可培育能源林 1333.3 万 hm²，每年可提供生物柴油 500 多万 t。大力开发利用生物质能源，有利于减少煤炭资源过度开采，对于弥补石油和天然气资源短缺、增能源总量、调整能源结构、缓解能源供应压力、保障能源安全有显著作用。

森林发挥生态效益，在促进能源节约中发挥着显著作用。森林和湿地由于能够降低城市热岛效应，从而能够减少城市在夏季由于空调而产生的电力消耗。由于城市热岛增温效应加剧城市的酷热程度，致使夏季用于降温的空调消耗电能大大增加。据估算，我国森林可以降低夏季能源消耗的 10%~15%，降低冬季取暖能耗 10%~20%，相当于节省了 1.5 亿~3.0 亿 t 煤，约合 750 亿~1500 亿元。

（三）现代林业促进产品的再利用

1. 森林资源的再利用

森林资源本身可以循环利用。森林是物质循环和能量交换系统，森林可以持续地提供生态服务。森林通过合理地经营，能够源源不断地提供木质和非木质产品。木材采掘业的循环过程为"培育——经营——利用——再培育"，林地资源通过合理的抚育措施，可以保持生产力，经过多个轮伐期后仍然具有较强的地力。关键是确定合理的轮伐期，自法正林理论诞生开始，人类一直在探索循环利用森林，至今我国规定的采伐限额制度也是为了维护森林的可持续利用；在非木质林产品生产上也可以持续产出。森林的旅游效益也可以持续发挥，而且由于森林的林龄增加，旅游价值也持续增加，所蕴含的森林文化也在不断积淀的基础上更新发展，使森林资源成为一个从物质到文化、从生态到经济均可以持续再利用的生态产品。

2. 林产品的再利用

森林资源生产的产品都易于回收和循环利用，大多数的林产品可以持续利用。在现代人类的生产生活中，以森林为主的材料占相当大的比例，主要有原木、锯材、木制品、人造板和家具等以木材为原料的加工品、松香和橡胶及纸浆等林化产品。这些产品在技术可能的情况下都可以实现重复利用，而且重复利用期相对较长，这体现在二手家具市场发展、旧木材的利用、橡胶轮胎的回收利用等。

3. 林业促进其他产品的再利用

森林和湿地促进了其他资源的重复利用。森林具有净化水质的作用，水经过森林的过滤可以再被利用；森林具有净化空气的作用，空气经过净化可以重复变成新鲜空气；森林还具有保持水土的功能，对农田进行有效保护，使农田能够保持生产力；对矿山、河流、道路等也同时存在保护作用，使这些资源能够持续利用。湿地具有强大的降解污染功能，维持着96%的可用淡水资源。以其复杂而微妙的物理、化学和生物方式发挥着自然净化器的作用。湿地对所流入的污染物进行过滤、沉积、分解和吸附，实现污水净化，据测算，每公顷湿地每天可净化400t污水，全国湿地可净化水量154亿t，相当于38.5万个日处理4万t级的大型污水处理厂的净化规模。

二、现代林业与粮食安全

（一）林业保障粮食生产的生态条件

森林是农业的生态屏障，林茂才能粮丰。森林通过调节气候、保持水土、增加生物多样性等生态功能，可有效改善农业生态环境，增强农牧业抵御干旱、风沙、干热风、台风、冰雹、霜冻等自然灾害的能力，促进高产稳产。实践证明，加强农田防护林建设，是改善农业生产条件，保护基本农田，巩固和提高农业综合生产能力的基础。在我国，特别是北方地区，自然灾害严重。建立农田防护林体系，包括林网、经济林、四旁绿化和一定数量的生态片林，能有效地保证农业稳产高产。由于林木根系分布在土壤深层，不与地表的农作物争肥，并为农田防风保湿，调节局部气候，加之林中的枯枝落叶及林下微生物的理化作用，能改善土壤结构，促进土壤熟化，从而增强土壤自身的增肥功能和农田持续生产的潜力。据实验观测，农田防护林能使粮食平均增产15%~20%。在山地、丘陵的中上部保留发育良好的生态林，对于山下部的农田增产也会起到促进作用。此外，森林对保护草场、保障畜牧业、渔业发展也有积极影响。相反，森林毁坏会导致沙漠化，恶化人类粮食生产的生态条件。

（二）林业直接提供森林食品和牲畜饲料

林业可以直接生产木本粮油、食用菌等森林食品，还可为畜牧业提供饲料。中国的2.87亿 hm² 林地可为粮食安全做出直接贡献。经济林中相当一部分属于木本粮油、森林食品，发展经济林大有可为。经济林是我国五大林种之一，也是经济效益和生态效益结合得最好的林种。按《森林法》规定，"经济林是指以生产果品、食用油料、饮料、调料、工业原料和药材等为主要目的的林木"。我国适生的经济林树种繁多，达 1000 多种，主栽的树种有 30 多个，每个树种的品种多达几十个甚至上百个。经济林已成为我国农村经济中一项短平快、效益高、潜力大的新型主导产业。

第三节　现代林业与生态精神文明

一、现代林业与生态教育

（一）森林和湿地生态系统的实践教育作用

森林生态系统是陆地上覆盖面积最大、结构最复杂、生物多样性最丰富、功能最强大的自然生态系统，在维护自然生态平衡和国土安全中处于其他任何生态系统都无可替代的主体地位。健康完善的森林生态系统是国家生态安全体系的重要组成部分，也是实现经济与社会可持续发展的物质基础。人类离不开森林，森林本身就是一座内容丰富的知识宝库，是人们充实生态知识、探索动植物王国奥秘、了解人与自然关系的最佳场所。森林文化是人类文明的重要内容，是人类在社会历史过程中用智慧和劳动创造的森林物质财富和精神财富综合的结晶。森林、树木、花草会分泌香气，其景观具有季相变化，还能形成色彩斑斓的奇趣现象，是人们休闲游憩、健身养生、卫生保健、科普教育、文化娱乐的场所，让人们体验"回归自然"的无穷乐趣和美好享受，这就形成了独具特色的森林文化。

在开展生态文明观教育的过程中，要以森林、湿地生态系统为教材，把森林、野生动植物、湿地和生物多样性保护作为开展生态文明观教育的重点，通过教育让人们感受到自然的美。自然美作为非人类加工和创造的自然事物之美的总和，它给人类提供了美的物质素材。生态美学是一种人与自然和社会达到动态平衡、和谐一致的处于生态审美状态的崭新的生态存在论美学观。这是一种理想的审美的人生，一种"绿色的人生"，是对人类当下"非美的"生存状态的一种批判和警醒，更是对人类永久发展、世代美好生存的深切关怀，也是对人类得以美好生存的自然家园的重建。生态审美教育对于协调人与自然、社会起着重要的作用。

通过这种实实在在的实地教育，会给受教育者带来完全不同于书本学习的感受，加深其对自然的印象，增进与大自然之间的感情，必然会更有效地促进人与自然和谐相处。森林与湿地系统的教育功能至少能给人们的生态价值观、生态平衡观、自然资源观带来全新的概念和内容。

生态价值观要求人类把生态问题作为一个价值问题来思考，不能仅认为自然界对于人类来说只有资源价值、科研价值和审美价值，而且还有重要的生态价值。所谓生态价值是指各种自然物在生态系统中都占有一定的"生态位"，对于生态平衡的形成、发展、维护都具有不可替代的功能作用。它是不以人的意志为转移的，它不依赖人类的评价，不管人类存在不存在，也不管人类的态度和偏好，它都是存在的。毕竟在人类出现之前，自然生态就已存在了。生态价值观要求人类承认自然的生态价值、尊重生态规律，不能以追求自己的利益作为唯一的出发点和动力，不能总认为自然资源是无限的、无价的和无主的，人们可以任意地享用而不对它承担任何责任，而应当视其为人类的最高价值或最重要的价值。人类作为自然生态的管理者，作为自然生态进化的引导者，义不容辞地具有维护、发展、繁荣、更新和美化地球生态系统的责任。它是从更全面更长远的意义上深化了自然与人关系的理解。应该说，"生态价值"的形成和提出，是人类对自己与自然生态关系认识的一个质的飞跃，是 20 世纪人类极其重要的思想成果之一。

在生态平衡观看来，包括人在内的动物、植物甚至无机物，都是生态系统里平等的一员，它们各自有着平等的生态地位，每一生态成员各自在质上的优劣、在量上的多寡，都对生态平衡起着不可或缺的作用。今天，虽然人类已经具有了无与伦比的力量优势，但在自然之网中，人与自然的关系不是敌对的征服与被征服的关系，而是互惠互利、共生共荣的友善平等关系。自然界的一切对人类社会生活有益的存在物，如山川草木、飞禽走兽、大地河流、空气、物蓄矿产等，都是维护人类"生命圈"的朋友。我们应当从小对中小学生培养具有热爱大自然、以自然为友的生态平衡观，此外也应在最大范围内对全社会进行自然教育，使我国的林业得到更充分的发展与保护。

自然资源观包括永续利用观和资源稀缺观两个方面，充分体现着代内道德和代际道德问题。自然资源的永续利用是当今人类社会很多重大问题的关键所在，对可再生资源，要求人们在开发时，必须使后续时段中资源的数量和质量至少要达到目前的水平，从而理解可再生资源的保护、促进再生、如何充分利用等问题；而对于不可再生资源，永续利用则要求人们在耗尽它们之前，必须能找到替代他们的新资源，否则，我们的子孙后代的发展权利将会就此被剥夺。自然资源稀缺观有 4 个方面：①自然资源自然性稀缺。我国主要资源的人均占有量大大低于世界平均水平。②低效率性稀缺。资源使用效率低，浪费现象严重，一加剧了资源供给的稀缺性。③科技与管理落后性稀缺。科技与管理水平低，导致在资源开发中的巨大浪费。④发展性稀缺。我国在经济持续高速发展的同时，也付出了资源的高昂代价，加剧了自然资源紧张、短缺的矛盾。

（二）生态基础知识的宣传教育作用

目前，我国已进入全面建设小康社会新的发展阶段。改善生态环境，促进人与自然的协调与和谐，努力开创生产发展、生活富裕和生态良好的文明发展道路，既是中国实现可持续发展的重大使命，也是新时期林业建设的重大使命。中央林业决定明确指出，在可持续发展中要赋予林业以重要地位，在生态建设中要赋予林业以首要地位，在西部大开发中要赋予林业以基础地位。随着国家可持续发展战略和西部大开发战略的实施，我国林业进入了一个可持续发展理论指导的新阶段。凡此种种，无不阐明了现代林业之于和谐社会建设的重要性。有鉴于此，我们必须做好相关生态知识的科普宣传工作，通过各种渠道的宣传教育，增强民族的生态意识，激发人民的生态热情，更好地促进我国生态文明建设的进展。

生态建设、生态安全、生态文明是建设山川秀美的生态文明社会的核心。生态建设是生态安全的基础，生态安全是生态文明的保障，生态文明是生态建设所追求的最终目标。生态建设，即确立以生态建设为主的林业可持续发展道路，在生态优先的前提下，坚持森林可持续经营的理念，充分发挥林业的生态、经济、社会三大效益，正确认识和处理林业与农业、牧业、水利、气象等国民经济相关部门协调发展的关系，正确认识和处理资源保护与发展、培育与利用的关系，实现可再生资源的多目标经营与可持续利用。生态安全是国家安全的重要组成部分，是维系一个国家经济社会可持续发展的基础。生态文明是可持续发展的重要标志。建立生态文明社会，就是要按照以人为本的发展观、不侵害后代人生存发展权的道德观、人与自然和谐相处的价值观，指导林业建设，弘扬森林文化，改善生态环境，实现山川秀美，推进我国物质文明和精神文明建设，使人们在思想观念、科学教育、文学艺术、人文关怀诸方面都产生新的变化，在生产方式、消费方式、生活方式等各方面构建生态文明的社会形态。

人类只有一个地球，地球生态系统的承受能力是有限的。人与自然不仅具有斗争性，而且具有同一性，必须树立人与自然和谐相处的观念。我们应该对全社会大力进行生态教育，即要教导全社会尊重与爱护自然，培养公民自觉、自律意识与平等观念，顺应生态规律，倡导可持续发展的生产方式、健康的生活消费方式，建立科学合理的幸福观。幸福的获得离不开良好生态环境，只有在良好生态环境中人们才能生活得幸福，所以要扩大道德的适用范围，把道德诉求扩展至人类与自然生物和自然环境的方方面面，强调生态伦理道德。生态道德教育是提高全民族的生态道德素质、生态道德意识、建设生态文明的精神依托和道德基础。只有大力培养全民族的生态道德意识，使人们对生态环境的保护转为自觉的行动，才能解决生态保护的根本问题，才能为生态文明的发展奠定坚实的基础。在强调可持续发展的今天，对于生态文明教育来说，这个内容是必不可少的。深入推进生态文化体系建设，强化全社会的生态文明观念：一要大力加强宣传教育。深化理论研究，创作一批有影响力的生态文化产品，全面深化对建设生态文明重大意义的认识。要把生态教育作为全民教育、全程教育、终身教育、基础教育的重要内容，尤其要增强领导干部的生态文明观念和未成年人的生态道德教育，使生态文明观深入人心。二要巩固和拓展生态文化阵地。加强生态文化基础设施建设，充分发挥森林公园、湿地公园、自然保护区、各种纪念林、古树名木在生态文明建设中的传播、教育功能，建设一批生态文明教育示范基地。拓展生态文化传播渠道，推进"国树""国花""国鸟"评选工作，大力宣传和评选代表各地特色的树、花、鸟，继续开展"国家森林城市"创建活动。三要发挥示范和引领作用。充分发挥林业在建设生态文明中的先锋和骨干作用。全体林业建设者都要做生态文明建设的引导者、组织者、实践者和推动者，在全社会大力倡导生态价值观、生态道德观、生态责任观、生态消费观和生态政绩观。要通过生态文化体系建设，真正发挥生态文明建设主要承担者的作用，真正为全社会牢固树立生态文明观念做出贡献。

通过生态基础知识的教育，能有效地提高全民的生态意识，激发民众爱林、护林的认同感和积极性，从而为生态文明的建设奠定良好基础。

二、现代林业与生态文化

（一）森林在生态文化中的重要作用

在生态文化建设中，除了价值观起先导作用外，还有一些重要的方面。森林就是这样一个非常重要的方面。人们把未来的文化称为"绿色文化"或"绿色文明"，未来发展要走一条"绿色道路"，这就生动地表明，森林在人类未来文化发展中是十分重要的。大家知道，森林是把太阳能转变为地球有效能量，以及这种能量流动和物质循环的总枢纽。地球上人和其他生命都靠植物、主要是森林积累的太阳能生存。地球陆地表面原来70%被森林覆盖，有森林76亿 hm^2，这是巨大的生产力。它的存在是人和地球生命的幸运。现在，虽然森林仅存 30 多亿 hm²，覆盖率不足 30%，但它仍然是陆地生态系统最强大的第一物质生产力。在地球生命系统中，森林虽然只占陆地面积的 30%，但它占陆地生物净生产量的 64%。森林、草原和农田生态系统所固定的太阳能总量，按每年每平方米计算，分别为 18.45kcal、5.4kcal 和 2.925kcal；森林每年固定太阳能总量，是草原的 3.5 倍，是农田的 6.3 倍；按平均生物量计算，森林是草原的 17.3 倍，是农田的 95 倍；按总生物量计算，森林是草原的 277 倍，是农田的 1200 倍。森林是地球生态的调节者，是维护大自然生态平衡的枢纽。地球生态系统的物质循环和能量流动，从森林的光合作用开始，最后复归于森林环境。对于人类文化建设，森林的价值是多方面的、重要的，包括：经济价值、生态价值、科学价值、娱乐价值、美学价值、生物多样性价值。

无论从生态学（生命保障系统）的角度，还是从经济学（国民经济基础）的角度，森林作为地球上人和其他生物的生命线，是人和生命生存不可缺少的，没有任何代替物，具有最高的价值。森林的问题，是关系地球上人和其他生命生存和发展的大问题。在生态文化建设中，我们要热爱森林，重视森林的价值，提高森林在国民经济中的地位，建设森林，保育森林，使中华大地山常绿、水长流，沿着绿色道路走向美好的未来。

（二）现代林业体现生态文化发展内涵

生态文化是探讨和解决人与自然之间复杂关系的文化；是基于生态系统、尊重生态规律的文化；是以实现生态系统的多重价值来满足人的多重需要为目的的文化；是渗透于物质文化、制度文化和精神文化之中，体现人与自然和谐相处的生态价值观的文化。生态文化要以自然价值论为指导，建立起符合生态学原理的价值观念、思维模式、经济法则、生活方式和管理体系，实现人与自然的和谐相处及协同发展。生态文化的核心思想是人与自然和谐。现代林业强调人类与森林的和谐发展，强调以森林的多重价值来满足人类的物质、文化需要。林业的发展充分体现了生态文化发展的内涵和价值体系。

1. 现代林业是传播生态文化和培养生态意识的重要阵地

牢固树立生态文明观是建设生态文明的基本要求。大力弘扬生态文化可以引领全社会普及生态科学知识，认识自然规律，树立人与自然和谐的核心价值观，促进社会生产方式、生活方式和消费模式的根本转变；可以强化政府部门科学决策的行为，使政府的决策有利于促进人与自然的和谐；可以推动科学技术不断创新发展，提高资源利用效率，促进生态环境的根本改善。生态文化是弘扬生态文明的先进文化，是建设生态文明的文化基础。林业为社会所创造的丰富的生态产品、物质产品和文化产品，为全民所共享。大力传播人与自然和谐相处的价值观，为全社会牢固树立生态文明观、推动生态文明建设发挥了重要作用。

通过自然科学与社会人文科学、自然景观与历史人文景观的有机结合，形成了林业所特有的生态文化体系，它以自然博物馆、森林博览园、野生动物园、森林与湿地国家公园、动植物以及昆虫标本馆等为载体，以强烈的亲和力，丰富的知识性、趣味性和广泛的参与性为特色，寓教于乐、陶冶情操，形成了自然与人文相互交融、历史与现实相得益彰的文化形式。

2. 现代林业发展繁荣生态文化

林业是生态文化的主要源泉，是繁荣生态文化、弘扬生态文明的重要阵地。建设生态文明要求在全社会牢固树立生态文明观。森林是人类文明的摇篮，孕育了灿烂悠久、丰富多样的生态文化，如森林文化、花文化、竹文化、茶文化、湿地文化、野生动物文化和生态旅游文化等。这些文化集中反映了人类热爱自然、与自然和谐相处的共同价值观，是弘扬生态文明的先进文化，是建设生态文明的文化基础。大力发展生态文化，可以引领全社会了解生态知识，认识自然规律，树立人与自然和谐的价值观。林业具有突出的文化功能，在推动全社会牢固树立生态文明观念方面发挥着关键作用。

第九章 林业生态建设技术与管理

第一节 山地生态公益林经营技术

生态公益林是以发挥森林生态功能并以提供生态效益为主的一种特殊森林，其经营目的是发挥森林的多种生态效益。以生态效益为主导功能的生态公益林经营在实现可全球经济与环境可持续发展中具有不可代替的作用，特别是在改善生态环境建设中担负着维护生态平衡，保护物种资源，减轻自然灾害，解决人类面临的一系列生态环境问题的重大使命。因此，在我国南方林区林业实行分类经营后，随着生态公益林在林业经营中所占的比例大幅度提高，开展生态公益林经营技术的攻关研究，对促进海峡西岸现代林业建设进程，实现我国林业的永续发展具有十分重要的意义。

一、低效生态公益林改造技术

（一）低效生态公益林的类型

由于人为干扰或经营管理不当而形成的低效生态公益林，可分为四种类型。

1. 林相残次型

因过度过频采伐或经营管理粗放而形成的残次林。例如，传统上人们常常把阔叶林当作"杂木林"看待，毫无节制地乱砍滥伐；加之近年来，阔叶林木材广泛应用于食用菌栽培、工业烧材以及一些特殊的用材（如火柴、木碗以及高档家具等），使得常绿阔叶林遭受到巨大的破坏，失去原有的多功能生态效益。大部分天然阔叶林变为人工林或次生阔叶林，部分林地退化成撂荒地。

2. 林相老化型

因不适地适树或种质低劣，造林树种或保留的目的树种选择不当而形成的小老树林。

例如，在楠木的造林过程中，有些生产单位急于追求林木生产，初植密度 3000 株以上，到 20 年生也不间伐，结果楠木平均胸径仅 10 cm 左右，很难成材，而且林相出现老龄化，林内卫生很差，林分条件急需改善。

3. 结构简单型

因经营管理不科学形成的单层、单一树种，生态公益性能低下的低效林。

4. 自然灾害型

因病虫害、火灾等自然灾害危害形成的病残林。例如，近几年，毛竹枯梢病已成我国毛竹林产区的一种毁灭性的病害，为国内森林植物检疫对象。

(二) 低效生态公益林改造原则

生态公益林改造要以保护和改善生态环境、保护生物多样性为目标，坚持生态优先、因地制宜、因害设防和最佳效益等原则，宜林则林、宜草则草或是乔灌草相结合，以形成较高的生态防护效能，满足人类社会对生态、社会的需求和可持续发展。

1. 遵循自然规律，运用科学理论营造混交林

森林是一个复杂的生态系统，多树种组成、多层次结构发挥了最大的生产力；同时生物种群的多样性和适应性形成完整的食物链网络结构，使其抵御病虫危害和有害生物的能力增强，具有一定的结构和功能。生态公益林的改造应客观地反映地带性森林生物多样性的基本特征，培育近自然的、健康稳定、能持续发挥多种生态效益的森林，这是生态公益林的建设目标，是可持续经营的基础。

2. 因地制宜，适地适树，以乡土树种为主

生态公益林改造要因地制宜，按不同林种的建设要求，采用封山育林、飞播造林和人工造林相结合的技术措施；以优良乡土树种为主，合理利用外来树种，禁止使用带有森林病虫害检疫对象的种子、苗木和其他繁殖材料。

3. 以维护森林生态功能为根本目标，合理经营利用森林资源

生态公益林经营按照自然规律，分别特殊保护区、重点保护区和一般保护区等三个保护等级确定经营管理制度，优化森林结构，合理安排经营管护活动，促进森林生态系统的稳定性和森林群落的正向演替。生态公益林利用以不影响其发挥森林主导功能为前提，以限制性的综合利用和非木资源利用为主，有利于森林可持续经营和资源的可持续发展。

（三） 低效生态公益林改造方法

根据低效生态公益林类型的不同，而针对性地采取不同的生态公益林改造方法。通过对低效能生态公益林密度与结构进行合理调整，采用树种更替、不同配置方式、抚育间伐、封山育林等综合配套技术，促进低效能生态公益林天然更新，提高植被的水土保持、水源涵养的生态效益。

1. 补植改造

补植改造主要适用于林相残次型和结构简单型的残次林，根据林分内林隙的大小与分布特点，采用不同的补植方式。主要有：①均匀补植；②局部补植；③带状补植。

2. 封育改造

封育改造主要适用于郁闭度小于0.5，适合定向培育，并进行封育的中幼龄针叶林分。采用定向培育的育林措施，即通过保留目的树种的幼苗、幼树，适当补植阔叶树种，培育成阔叶林或针阔混交林。

3. 综合改造

适用于林相老化型和自然灾害的低效林。带状或块状伐除非适地适树树种或受害木，引进与气候条件、土壤条件相适应的树种进行造林。一次改造强度控制在蓄积的20%以内，迹地清理后进行穴状整地，整地规格和密度随树种、林种不同而异。主要有：①疏伐改造；②补植改造；③综合改造。

（四） 低效生态公益林的改造技术

对需要改造的生态公益林落实好地块、确定现阶段的群落类型和所处的演替阶段、组成种类，以及其他的生态环境条件特点，如气候、土壤等，这对下一步的改造工作具有重要的指导意义。不同的植被分区其自然条件（气候、土壤等）各不相同，因而导致植物群落发生发育的差异，树种的配置也应该有所不同，因此要选择适合于本区的种类用于低效生态公益林的改造，并确定适宜的改造对策。而且，森林在不同的演替阶段其组成种类和层次结构是不同的。目前需要改造的低效生态公益林主要是次生稀树灌丛、稀疏马尾松纯林、幼林等群落，处于演替早期阶段，种类简单，层次不完整。为此，在改造过程中需要考虑群落层次各树种的配置，在配置过程中，一定要注意参照群落的演替进程来导入目的树种。

1. 树种选择

树种选择时最好选择优良的乡土树种作为荒山绿化的先锋树种，这些树种应满足：择适应性强、生长旺盛、根系发达、固土力强、冠幅大、林内枯枝落叶丰富和枯落物易于分解，耐瘠薄、抗干旱，可增加土壤养分，恢复土壤肥力，能形成疏松柔软，具有较大容水量和透水性死地被凋落物等特点。新造林地树种可选择枫香、马尾松、山杜英；人工促进天然更新（补植）树种可选择乌桕、火力楠、木荷、山杜英。

根据自然条件和目标功能，生态公益林可采取不同的经营措施，如可以确定特殊保护、重点保护、一般保护三个等级的经营管理制度，合理安排管护活动，优化森林结构，促进生态系统的稳定发展。生态公益林树种一般具备各种功能特征：①涵养水源、保持水土；②防风固沙、保护农田；③吸烟滞尘、净化空气；④调节气候、改善生态小环境；⑤减少噪声、杀菌抗病；⑥固土保肥；⑦抗洪防灾；⑧保护野生动植物和生物多样性；⑨游憩观光、保健休闲等。因此，不同生态公益林，应根据其主要功能特点，选择不同的树种。

乡土阔叶林是优质的森林资源，起着涵养水源、保持水土、保护环境及维持陆地生态平衡的重大作用。乡土阔叶树种是生态公益林造林的最佳选择。目前福建省存在生态公益林树种结构简单，纯林、针叶林多，混交林、阔叶林少，而且有相当部分林分质量较差，生态功能等级较低。生态公益林中的针叶纯林林分已面临着病虫危害严重、火险等级高、自肥能力低、保持水土效能低等危机，树种结构亟待调整。利用优良乡土阔叶树种，特别是珍贵树种对全省生态公益林进行改造套种，是进一步提高林分质量、生态功能等级和增加优质森林资源的最直接最有效的途径。

2. 林地整地

水土保持林采取鱼鳞坑整地。鱼鳞坑为半月形坑穴，外高内低，长径 0.8~1.5 m，短径 0.5~1.0 m，填高 0.2~0.3 m。坡面上坑与坑排列成三角形，以利蓄水保土；水源涵养林采取穴状整地，挖明穴，规格为 60 cm×40 cm×40 cm，回表土。

3. 树种配置

新造林：在Ⅰ~Ⅱ类地采用枫香×山杜英；各类立地采用马尾松×枫香，按 1∶1 比例模式混交配置。人促（补植）：视低效林林相破坏程度，采用乡土阔叶树乌桕、火力楠、木荷、山杜英进行补植。

二、生态公益林限制性利用技术

生态公益林限制性利用是指以林业可持续发展理论、森林生态经济学理论和景观生态学理论为指导，实现较为完备的森林生态体系建设目标；正确理解和协调森林生态建设与农村发展的内在关系，在取得广大林农的有力支持下，有效地保护生态公益林；通过比较完善的制度建设，大量地减少甚至完全杜绝林区不安定因素对生态公益林的破坏，积极推动农村经济发展。

（一）生态公益林限制性利用类型

1. 木质利用

对于生长良好但已接近成熟年龄的生态公益林，因其随着年龄的增加，其林分的生态效益将逐渐呈下降趋势，因此应在保证其生态功能的前提下，比如在其林下进行树种的更新，待新造树种郁闭之后，对其林分进行适当的间伐，通过采伐所得木材获得适当的经济效益，这些经济收入又可用于林分的及时更新，这样能缓解生态林建设中资金短缺的问题，逐渐形成生态林生态效益及建设利用可持续发展的局面。

2. 非木质利用

非木质资源利用是在对生态公益林保护的前提下对其进行开发利用，属于限制性利用，它包含了一切行之有效的行政、经济的手段，科学的经营技术措施和相适应的政策制度保障等体系，进行森林景观开发、林下套种经济植物、绿化苗木，培育食用菌，林下养殖等复合利用模式，为山区林农脱贫致富提供一个平台，使非木质资源最有效地得到开发和保护。

（二）生态公益林限制性利用原则

（1）坚持"三个有利"的原则

生态公益林管护机制改革必须有利于生态公益林的保护管理，有利于林农权益的维护，有利于生态公益林质量的稳步提高。

（2）生态优先原则

在保护的前提下，遵循"非木质利用为主，木质利用为辅"的原则，科学合理地利用生态公益林林木林地和景观资源。实现生态效益与经济效益结合，总体效益与局部效益协调，长期效益与短期利益兼顾。

（3）因地制宜原则

依据自然资源条件和特点、社会经济状况，处理好森林资源保护与合理开发利用的关系，确定限制性利用项目。根据当地生态公益林资源状况和林农对山林的依赖程度，因地制宜，确定相应的管护模式。

（4）依法行事原则

要严格按照规定，在限定的区域内进行，凡涉及使用林地林木的问题，必须按有关规定、程序进行审批。坚持严格保护、科学利用的原则。生态公益林林木所有权不得买卖，林地使用权不得转让。在严格保护的前提下，依法开展生态公益林资源的经营和限制性利用。

（三）生态公益林限制性利用技术

1. 木质利用技术

以杉木人工林为主的城镇生态公益林培育改造中，因其不能主伐利用材，没有经济效益，但是通过改造间伐能够生产一部分木材，能够维持培育改造所需的费用，并有一小部分节余，从而达到生态公益林的持续经营。以杉木人工林为主的城镇生态公益林培育改造可生产木材 60m³/hm²，按 500 元/m³ 计算，可收入 30000 元/hm²；生产木材成本 6000 元/hm²；培育改造营林费用 3000 元/hm²；为国家提供税收 2400 元/hm²；尚有节余 18600 元/hm²，可作为城镇生态公益林的经营费用，有利于城镇生态公益林的可持续经营。

2. 林下套种经济植物

砂仁为姜科豆蔻属多年生常绿草本植物，其种子因性味辛温，具有理气行滞、开胃消食、止吐安胎等功效，是珍贵南药；适宜热带、南亚热带和中亚热带温暖湿润的林冠下生长。杉木林地郁闭度控制在 0.6~0.7，创造适宜砂仁生长发育的生态环境，加强田间管理，是提高砂仁产量的重要措施。因为砂仁对土、肥、荫、水有不同的要求，在不同季节又有不同需要，高产稳产的获得，是靠管理来保证。

雷公藤为常用中药，以根入药，具祛风除湿、活血通络、消肿止痛、杀虫解毒的功能。雷公藤也是植物源农药的极佳原料，可开发为生物农药。马尾松是南方常见的造林树种，在林间空隙套种雷公藤，可以大力提高土地利用率，提高林地的经济效益。马尾松的株行距为 150cm×200 cm，雷公藤的株行距为 150 cm×200 cm。种植过程应按照相应的灌溉、施肥、给药、除草、间苗等标准操作规程进行。根据雷公藤不同生长发育时期的需水规律及气候条件，适时、合理进行给水、排水，保证土壤的良好通气条件，需建立给排水方案并定期记录。依据《中药材生产质量管理规范（试行）》要求，雷公藤生长过程必须对影响生产质量的肥料施用进行严格的控制，肥料的施用以增施腐熟的有机肥为主，根据需要有限度地使用化学肥料并建立施肥方案。

灵香草又名香草、黄香草、排草零陵香，为报春花科排草属多年生草本植物，具有清热解毒、止痛等功效，并且具有良好的防虫蛀作用。在阔叶林下套种灵香草。其生长情况和产量均呈山脚或山凹＞中下坡＞中上坡在同坡位下，灵香草的藤长、基径、萌条数均随扦插密度增加而递减其单位面积生物总量与扦插密度关系则依主地条件不同而异，立地条件好的则随密度加大而递增。林分郁闭度为 0.7~0.85，灵香草的生长与产量最大，随林分郁闭度下降，其产量呈递减趋势。

3. 林下养殖

林下养殖选择水肥条件好，林下植被茂盛、交通方便的生态公益林地进行林下养殖，如养鸡、养羊、养鸭、养兔，增加林农收入。林下养殖模式，夏秋季节，林木为鸡、鹅等遮阴避暑，动物食害虫、青草、树叶，能减少害虫数量，节省近一半饲料，大大降低了农民打药和管理的费用，动物粪又可以肥地，形成了一个高效的绿色链条。大力发展林下经济作为推动林畜大县建设步伐的重要措施，坚持以市场为导向，以效益为中心，科学规划，因地制宜，突出特色，积极探索林下养殖经济新模式。

发展林下规模养殖的总体要求是，要坚持科学发展观，以市场为导向，以效益为中心，科学规划，合理布局，突出特色，因地制宜，政策引导，示范带动，整体推进，使林下养殖成为绿色、生态林牧业生产的亮点和农村经济发展、农民增收新的增长点。

在农村，许多农户大多是利用房前屋后空地养鸡，饲养数量少，难成规模，而且不利于防疫。林下养鸡是以放牧为主、舍伺为辅的饲养方式，其生产环境较为粗放。因此，应选择适应性强、抗病力强、耐粗饲、勤于觅食的地方鸡种进行饲养。林地最好远离人口密集区，交通便利、地势高燥、通风光照良好，有充足的清洁水源，地面为沙壤土或壤土，没有被传染病或寄生虫病原体污染。在牧地居中地段，根据群体大小选择适当避风平坦处，用土墙或砖木及油毛毡或稻草搭成高约 2 m 的简易鸡舍，地面铺砂土或水泥。鸡舍饲养密度以 20 只/m² 为宜，每舍养 1000 只，鸡舍坐北朝南。

4. 森林生态旅游

随着生活水平的不断提高以及人们回归自然的强烈愿望，丛林纵生，雪山环抱，峡谷壁立，草原辽阔，阳光灿烂，空气清新，少数民族文化色彩浓厚，人与自然和谐而备受人们向往和关注。森林生态旅游被人们称为"无烟的工业"，旅游开发迅速升温。

有些生态公益林所处地形复杂，生态环境多样，为旅游提供了丰富的资源，其中绝大部分属森林景观资源。以这些资源为依托，开发风景区，发展生态旅游，同时带动了相关第三产业的发展，促进了经济发展。

森林浴：重在对现有森林生态的保护，沿布设道路对不同树种进行挂牌，标示树种名称、特性，对保护植物应标朋保护级别等，提醒游人对保护植物的关爱。除建设游步道外，不建设其他任何设施，以维护生物多样性，使游人尽情享受森林的沐浴。

花木园：在原有旱地上建立以桂花、杜英、香樟及深山含笑等为主的花木园，可适当密植，进行块状混交。一方面可增加生态林阔叶林的比重，增加景观的观赏性；另一方面也可提供适量的绿化苗，增加收入。

观果植物园：建设观果植物园，如油茶林、柑橘林，对油茶林进行除草、松土，对柑橘林进行必要的除草培土、修剪和施肥，促进经济林的生长，从而提高其产量和质量，增加经济收入，同时也可为游人增加一些如在成熟期采摘果实参与性项目。

休闲娱乐：根据当地实际情况，以及休闲所在地和绿色养殖的特点，设置餐饮服务和休闲区，利用当地木、竹材料进行搭建，充分体现当地民居特色，使游人在品尝绿色食品、体验优美自然环境后有下次再想去的欲望。

生态公益林区还可以作为农林院校、科研机构以及林业生产部门等进行科研考察和试验研究的基地，促进林业科研水平和生产水平的提高。

森林生态旅游的开发必须服从于生态保护，即必须坚持在保护自然环境和自然资源为主的原则下，做好旅游开发中的生态保护。森林生态旅游的开发必须在已建立的森林生态旅游或将规划的森林生态旅游要进行本底调查，除了调查人文景观、自然景观外，还要调查植被类型、植被区系、动物资源等生物资源方面的调查，了解旅游区动、植物的保护类型及数量，在符合以下规定的基础上制定出生态旅游区的游客容量及游览线路。制止对自然环境的人为消极作用，控制和降低人为负荷，应分析人的数量、活动方式与停留时间，分析设施的类型、规模、标准，分析用地的开发强度，提出限制性规定或控制性指标。保持和维护原有生物种群、结构及其功能特征，保护典型而示范性的自然综合体。提高自然环境的复苏能力，提高氧、水、生物量的再生能力与速度，提高其生态系统或自然环境对人为负荷的稳定性或承载力。以保证游客游览的过程中不会对珍稀动植物造成破坏，并影响其自然生长。

三、重点攻关技术

生态公益林的经营是世界性的研究课题，尤其是在近年全球环境日趋恶化的形势下生态公益林建设更是引起了全世界的关注，被许多国家提到议事日程上。公益林建设中关键是建设资金问题，不可否认生态公益林建设是公益性的事业，其建设资金应有政府来投入，但是由于许多国家存在着先发展经济、后发展环境的观念，生态公益林建设资金短缺十分严重。因此，有些国家开始考虑在最大限度地发挥生态公益林生态效益的前提下，在公益林上进行适当经营，以取得短期的经济效益，从而解决公益林建设的资金问题。

（一）生态公益林的经营利用模式比较分析

目前国内在不影响生态公益林发挥生态效益的前提下，进行生态公益林适当经营的研究还不多，特别是把生态公益林维持生态平衡的功能和其产业属性结合起来，从中取得经济效益并能提高生态公益林生态功能的模式的研究更少。

在保护生态公益林的前提下，寻找保护与利用的最佳结合点，开展一些林下利用试点。在方式上，要引导以非木质利用为主、采伐利用为辅的方式；在宣传导向上，要重点宣传非木质利用的前景，是今后利用的主要方向；在载体上，要产业拉动，特别是与加工企业对接，要重视科技攻关，积极探索非木质利用的途径和方法，逐步解决林下种植的种苗问题。开展生态公益林限制性利用试点，开展林下套种经济作物等非木质利用试点，探索一条在保护前提下，保护与利用相结合的路子，条件好的林区每个乡镇搞一个村的试点，其余县市选择一个村搞试点，努力探索生态林限制性利用途径。在保护资源的前提下进行开发利用，采取一切行之有效的行政、经济的手段，科学的经营技术措施和相适应的政策制度保障等体系，进行森林景观开发、林下套种经济植物、绿化苗木，培育食用菌，林下养殖等复合利用模式，为山区林农脱贫致富提供一个平台，使非木质资源最有效地得到开发和保护。

（二）生态公益林的非木质资源综合利用技术

非木质资源利用是山区资源、经济发展和摆脱贫困的必然选择，也是改善人民生产、生活条件的重要途径。非木质资源利用生产经营周期大大缩短，一般叶、花、果、草等在利用后只需1年时间的培育就能达再次利用的状态。这种短周期循环利用方式不仅能提高森林资源利用率，而且具有持续时间长、覆盖面广的特性。因此，能使林区农民每年都能有稳定增长的经济收入。所以，公益林生产地应因地制宜大力发展林、果、竹、药、草、花，开发无污染的天然保健"绿色食品"，建设各种林副产品开发基地。

建立专项技术保障体系生态公益林限制性利用技术支持系统，包括资源调查可靠性，技术方案可行性，实施运作过程的可控制性和后评价的客观性，贯穿试验工作全过程。由专职人员对试验全过程进行有效监控，建立资源分析档案。

非木质资源利用对服务体系的需求主要体现在科技服务体系、政策支持体系、病虫害检疫和防治体系、资源保护与控制服务体系、林产品购销服务体系等方面，这些体系在我国的广大公益林地反还不够健全，尤其是山区。对非木质资源的利用带来不利因素。应结合政府机构改革，转变乡镇政府职能，更好地为林农提供信息、技术、销售等产前产中产后服务。加强科技人员的培训，更新知识，提高技能，增强服务意识，切实为"三农"服务。

（三）促进生态公益林植被恢复和丰富森林景观技术

森林非木质资源的限制性开发利用，使农民收入构成发生变化，由原来主要依赖木质资源的利用转化为主要依赖非木质资源的利用，对森林资源的主要组成部分—林木没有直接造成损害，因此，对森林资源及生态环境所带来的负面效应很小。而且，非木质资源的保护和利用通过各种有效措施将其对森林资源的生态环境的负面影响严格控制在可接受的限度之间，在一定程度上还可以提高生物种群结构的质量和比例的适当性、保持能量流和物质流功能的有效性、保证森林生态系统能够依靠自身的功能实现资源的良性循环与多途径利用实现重复利用，使被过度采伐的森林得以休养生息，促进森林覆盖率、蓄积稳定增长，丰富了森林景观。而且具有收益稳、持续时间长、覆盖面广的特性，为当地林农和政府增加收入，缓解生态公益林的保护压力，从而使生态公益林得以休养生息，促进森林覆盖率，丰富森林景观，维护森林生物多样性，促进森林的可持续发展。

（四）生态公益林结构调整和提高林分质量技术

通过林分改造和树种结构调整，能增加阔叶树的比例，促进生态公益林林分质量的提高，增加了森林的生态功能。另一方面，通过林下养殖及林下种植，改善了土壤结构，促进林分生长，提高了生态公益林发挥其涵养水源、保持水土的功能，使生态公益林沿着健康良性循环的轨道发展。

建立对照区多点试验采取多点试验，就是采取比较开放的和比较保守的不同疏伐强度试验点。同时对相同的林分条件，不采取任何经营措施，建立对照点。通过试验取得更有力的科学依据，用于补充和完善常规性技术措施的不足，使林地经营充分发挥更好的效果。

第二节 流域与滨海湿地生态保护及恢复技术

一、流域生态保护与恢复

（一）流域生态保育技术

1. 流域天然林保护和自然保护区建设

生物多样性保护与经济持续发展密切相关。自然保护区和森林公园的建立是保护生物多样性的重要途径之一。自然保护区由于保护了天然植被及其组成的生态系统（代表性的自然生态系统，珍稀动植物的天然分布区，重要的自然风景区，水源涵养区，具有特殊意义的地质构造、地质剖面和化石产地等），在改善环境、保持水土、维持生态平衡具有重要的意义。

2. 流域监测、信息共享与发布系统平台建设

流域的综合管理和科学决策需要翔实的信息资源为支撑，以流域管理机构为依托，利用现代信息技术开发建设流域信息化平台。完善流域实时监测系统，建立跨行政区和跨部门的信息收集和共享机制，实现流域信息的互通、资源共享、提高信息资源的利用效率。

3. 流域生态补偿机制的建立

流域生态经济理论认为：流域上中下游的生态环境、经济发展和人类生存乃是一个生死与共的结构系统。它们之间经济的、政治的、文化的等各种关系，都通过生命之水源源不断的流动和地理、历史、环境、气候等的关联而紧密相连。合理布局流域上中下游产业结构和资源配置。加大对上游地区的道路、通信、能源、水电、环保等基础设施的投入，从政策、经济、科技、人才等多方面帮助上游贫困地区发展经济，脱贫致富。加强对交通、厂矿、城镇、屋宅建设的管理。实行"谁建设，谁绿化"措施，严防水土流失。退耕还草，退耕还林，绿化荒山，保护森林。立法立规，实施"绿水工程"，对城镇的工业污水和生活污水全面实行清浊分流和集中净化处理，严禁把大江小河当作垃圾池和"下水道"的违法违规行为。动员全社会力量，尤其是下游发达地区政府和人民通过各种方式和各种渠道帮助上游人民发展经济和搞好环境保护。

（二）流域生态恢复

流域生态恢复的关键技术包括流域生境恢复技术、流域生物恢复技术和流域生态系统结构与功能恢复技术。

1. 流域水土流失综合治理

坚持小流域综合治理，搞好基本农田建设，保护现有耕地。因地制宜，大于25°陡坡耕地区域坚决退耕还林还草，小于15°适宜耕作区域采取坡改梯、节水灌溉、作物改良等水土保持综合措施；集中连片进行"山水田林路"统一规划和综合治理，按照优质、高产、高效、生态、安全和产业化的要求，培植和发展农村特色产业，促进农村经济结构调整，并逐步提高产业化水平。

建立水土保持监测网络及信息系统，提高遥感监测的准确性、时效性和频率，促进对水土流失发生、发展、变化机理的认识，揭示水土流失时空分布和演变的过程、特征和内在规律。指导不同水土流失区域的水土保持工作。

2. 流域生物恢复技术

流域生物恢复技术包括物种选育和培植技术、物种引入技术、物种保护技术等。不同区域、不同类型的退化生态系统具有不同的生态学过程，通过不同立地条件的调查，选择乡土树种。然后进行栽培实验，实验成功后进行推广。同时可引进外来树种，通过试验和研究，筛选出不同生态区适宜的优良树种，与流域树种结构调整工程相结合。

3. 流域退化生态系统恢复

研究生态系统退化就是为了更好地进行生态恢复。生态系统退化的具体过程与干扰的性质、强度和延续的时间有关。生态系统退化的根本特征是在自然胁迫或人为干扰下，结构简化、组成成分减少、物流能流受阻、平衡状态破坏、更新能力减弱，以及生态服务功能持续下降。研究包括：生态系统退化类型和动因；生态系统退化机制；生态系统退化诊断与预警；退化生态系统的控制与生态恢复。

流域内的天然林进行严格的保护，退化的次生林进行更新改造，次生裸地进行常绿阔叶林快速恢复与重建。根据流域内自然和潜在植被类型，确定造林树种，主要是建群种和优势种。也包含灌木种类。

在流域生态系统恢复和重建过程中，因地制宜地营造经济林、种植药材、培养食用菌等相结合的生态林业工程，使流域的生物多样性得到保护，促进流域生态系统优化。

二、湿地生态系统保护与恢复

（一）湿地生态系统保护

由于湿地处于水陆交互作用的区域，生物种类十分丰富，仅占地球表面面积6%的湿地，却为世界上20%的生物提供了生境，特别是为濒危珍稀鸟类提供生息繁殖的基地，是众多珍稀濒危水禽完成生命周期的必经之地。

1. 湿地自然保护区建设

我国湿地处于需要抢救性保护阶段，努力扩大湿地保护面积是当前湿地保护管理工作的首要任务。建立湿地自然保护区是保护湿地的有效措施。要从抢救性保护的要求出发，按照有关法规法律，采取积极措施在适宜地区抓紧建立一批各种级别的湿地自然保护区，特别是对那些生态地位重要或受到严重破坏的自然湿地，更要果断地划定保护区域，实行严格有效的保护。

2. 湿地生态系统保护

一个系统的面积越大，该系统内物种的多样性和系统的稳定性越有保证。因此，增加湿地的面积是有效恢复湿地生态系统平衡的基础。严禁围地造田，对湿地周围影响和破坏湿地生境的农田要退耕还湿，恢复湿地生境，增加湿地面积。湿地入水量减少是造成湿地萎缩不可忽视的原因，水文条件成为湿地健康发展的制约因素，需要通过相关水利工程加以改善。增加湖泊的深度和广度以扩大湖容，增加鱼的产量，增强调蓄功能；积极进行各湿地引水通道建设，以获得高质量的补充水源；加强水利工程设施的建设和维护，加固堤防，搞好上游的水土保持工作，减少泥沙淤积；恢复泛滥平原的结构和功能以利于蓄纳洪水，提供野生生物栖息地以及人们户外娱乐区。

湿地保护是一项重要的生态公益事业，做好湿地保护管理工作是政府的职能。各级政府应高度重视湿地保护管理工作，在重要湿地分布区，要把湿地保护列入政府的重要议事日程，作为重要工作纳入责任范围，从法规制度、政策措施、资金投入、管理体系等方面采取有力措施，加强湿地保护管理工作。

（二）湿地生态恢复技术

湿地恢复是指通过生态技术或生态工程对退化或消失的湿地进行修复或重建，再现干扰前的结构和功能，以及相关的物理、化学和生物学特性，使其发挥应有的作用。根据湿地的构成和生态系统特征，湿地的生态恢复可概括为：湿地生境恢复、湿地生物恢复和湿地生态系统结构与功能恢复3个部分。

1. 湿地生境恢复技术

湿地生境恢复的目标是通过采取各类技术措施，提高生境的异质性和稳定性。湿地生境恢复包括湿地基底恢复、湿地水状况恢复和湿地土壤恢复等。湿地的基底恢复是通过采取工程措施，维护基底的稳定性，稳定湿地面积，并对湿地的地形、地貌进行改造。基底恢复技术包括湿地基底改造技术、湿地及上游水土流失控制技术、清淤技术等。湿地水状况恢复包括湿地水文条件的恢复和湿地水环境质量的改善。水文条件的恢复通常是通过筑坝（抬高水位）、修建引水渠等水利工程措施来实现；湿地水环境质量改善技术包括污水处理技术、水体富营养化控制技术等。由于水文过程的连续性，必须严格控制水源河流的水质，加强河流上游的生态建设。土壤恢复技术包括土壤污染控制技术、土壤肥力恢复技术等。在湿地生境恢复时，进行详细的水文研究，包括地下水与湿地之间的相互关系，作为湿地需要水分饱和的土壤和洪水的水分与营养供给，在恢复与重建海岸湿地时，还需要了解潮汐的周期、台风的影响等因素；详细地监测和调查土壤，如土壤结构、透水性和地层特点。

2. 湿地生物恢复（修复）技术

湿地生物恢复（修复）技术主要包括物种选育和培植技术、物种引入技术、物种保护技术、种群动态调控技术、种群行为控制技术、群落结构优化配置与组建技术、群落演替控制与恢复技术等。在恢复与重建湿地过程中，作为第一性生产者的植被恢复与重建是首要过程。尽管水生植物或水生植被是广域和隐域性的，但在具体操作过程中因遵循因地制宜的原则。淡水湿地恢复和重建时，主要引入挺水和漂浮植物，如菖蒲、芦苇、灯芯草、香蒲、苔草、水芹、睡莲等。植物的种子、根茎、鳞茎、根系、幼苗和成体，甚至包括种子库的土壤，均可作为建造植被的材料。

3. 生态系统结构与功能恢复技术

生态系统结构与功能恢复技术主要包括生态系统总体设计技术、生态系统构建与集成技术等。湿地生态恢复技术的研究既是湿地生态恢复研究中的重点，又是难点。

退化湿地生态系统恢复，在很大程度上，需依靠各级政府和相关部门重视，切实加强对湿地保护管理工作的组织领导，强化湿地污染源的综合整治与管理，通过部门间的联合，加大执法力度。要严格控制湿地氮肥、磷肥、农药的施用量，控制畜禽养殖场废水对湿地的污染影响，大型畜禽养殖场废水要严格按有关污染物排放标准的要求达标排放，有条件的地区应推广养殖废水土地处理。

植物是人工湿地生态工程中最主要的生物净化材料，它能直接吸收利用污水中的营养物质，对水质的净化有一定作用。目前，在人工湿地植物种类应用方面，国内外均是以水生植物类型为主，尤其是挺水植物。由于不同植物种类在营养吸收能力、根系深度、氧气释放量、生物量和抗逆性等方面存在差异，所以它们在人工湿地中的净化作用并不相同。在选择净化植物时既要考虑地带性、地域性种类，还要选择经济价值高、用途广以及与湿地园林化建设相结合的种类，尽可能地做到一项投入多处收益。植物除了对污物直接吸收外，还有重要的间接作用，输送氧气，提供碳源，从而为各种微生物的活动创造有利的场所，提高了工程污水的净化作用。

第三节　城市森林与城镇人居环境建设技术

城市是人类活动的聚集地，是人类文明和社会进步的象征，是一个国家社会经济发展水平和社会文明的重要标志。21 世纪以来，全球城市化发展逐步加快。城市随着规模扩大、各种设施的完善以及人口的增加，促进了城市经济、社会和文化等诸多方面的繁荣，但与此同时，城市化又带来了一系列的社会和环境问题。城市生态环境建设用地比例失调、污染程度加剧、住房紧张、交通困难、生物多样性丧失等问题，引起城市生活质量下降，制约了城市可持续发展。城市森林作为城市生态系统中具有自净功能的重要组成部分，在保护人体身心健康、调节生态平衡、改善环境质量、美化城市景观等方面具有不可替代的作用。

一、城市森林道路林网建设与树种配置技术

（一）城市道路景观的林带配置模式

城市道路景观的植物配置首先要服从交通安全的需要，能有效地协助组织车流、人流的集散，同时，兼顾改善城市生态环境及美化城市的作用。在树种配置上应充分利用土地，在不影响交通安全的情况下，尽量做到乔灌草的合理配置，充分利用乡土树种，展现不同城市的地域特色。

城乡绿色通道主要包括国道、省道、高速公路及铁路等，城乡绿色通道由于道路较

宽、交通流量大，树种配置时主要考虑滞尘、降低噪音的生态防护功能，兼顾美观效果。树种配置时应采用常绿乔木、亚乔木、灌木、地被复式结构为主，乔、灌、花、草的互相搭配，形成立体景观效应，增强综合生态效益。交通线两边的山体斜坡或护坡，也可种上草或藤，有些地方还可以种上乔、藤、花等。主要乔木树种可选用：巨尾桉、厚荚相思、马占相思、木麻黄、龙眼、荔枝、桩果、假槟榔、大王椰子、凤凰木、枇杷、南洋杉、高山榕、木棉、鹅掌楸等；灌木可选用：黄花夹竹桃、黄花槐、黄槿、三角梅、福建茶、九里香、黄公榕、变叶木、红桑、美蕊花、含笑、棕竹、美丽针葵、扶桑、朱蕉等；裸露山体林相改造树种有：木麻黄、台湾相思、厚荚相思、马占相思、团花、千年桐、香樟、榕树、橡皮树、南洋楹、银合欢、木麻黄、丛生竹、巨尾桉、柠檬桉、木荷、杨梅等；彩化景观树种有：枫香、山杜英、红叶乌桕、香樟、红花羊蹄甲等。

（二）城市森林水系林网建设与树种配置技术

1，市级河道景观生态林模式

市级河道两岸是城市居民休闲娱乐的场所，在景观林带设计上应将其生态功能与景观功能相结合，树种配置上除了考虑群落的防护功能外，还应选择具有观赏性较强的或具有一定文化内涵的植物，以形成一定的景观效果。每侧宽度应根据实际情况，一般应保持 20~30 m，宜宽则宽，局部可建沿河休闲广场，为城市居民提供良好的休闲场所。在淡水水域河道树种主要选择：水杉、水松、落羽杉、池杉、垂柳、龙爪柳、邓氏柳、枫杨、鹅耳枥、植木、木波罗、印度榕、菩提树、小叶榕、凤凰木、香樟、橄榄、苦楝、川楝、秋枫、乌桕、荔枝、羊蹄甲、合欢、木棉等；在咸水水域河道树种选择有：木麻黄、黄槿、苦槛兰、老鼠刺、秋茄、桐花树、木榄、竹节树等；灌木有鸡冠刺桐、红花夹竹桃、软枝黄蝉、三角梅、黄花槐、扶桑、紫薇、悬铃花、美丽针葵、桂花、石榴等；竹类有观音竹、黄金间碧玉竹、孝顺竹等。

2. 区县级河道生态景观林模式

区县级河道主要是生态防护功能，兼顾景观功能和经济功能。在树种配置上以复层群落配置营造混交林，形成异龄林复层多种植物混交的林带结构，充分发挥河道林带的生态功能。同时，根据河道两岸不同的景观特色，进行不同的植物配置，营造不同的景观风格。河道宽度一般控制在 10~20 m，根据河道两岸实际情况，林带宜宽则宽，宜窄则窄。在树种选择上乔木主要有：龙眼、荔枝、乌桕、榕树、相思树、橄榄、苦楝、番石榴、垂柳、水杉、水松、杧果、杨梅、香蕉、菠萝、厚荚相思、番木瓜、洋蒲桃、第伦桃、柿树、香椿、广玉兰、樟树、大叶桉、巨尾桉等；灌木树种选择有：鸡冠刺桐、红花夹竹桃、米兰、三角梅、龙船花、杜鹃花、美蕊花、含笑、龙牙花、红叶乌桕、朱槿、红桑、四季桂等；竹类有佛肚竹、凤尾竹、刚竹、黄金间碧玉竹、孝顺竹、绿竹、麻竹、大头点竹等。

（三）城市森林隔离防护林带配置模式

1. 工厂防污林带的配置模式

该模式主要针对具有污染性的工厂而建设污染隔离防护林，防止污染物扩散，同时兼顾吸收污染物的作用。根据不同工业污染源的污染物种类和污染程度，选择具有抗污吸污的树种进行合理配置。树种选择如下。工厂防火树种：选择含水量大的、不易燃烧的树种，如银杏、海桐、泡桐、女贞、杨柳、桃树、棕榈、黄杨等。抗烟尘树种：黄杨、五角枫、乌桕、女贞、三角枫、桑树、紫薇、冬青、珊瑚树、

桃叶珊瑚、广玉兰、石楠、枸骨、樟树、桂花、大叶黄杨、夹竹桃、栀子花、槐树、银杏、榆树等。滞尘能力的树种：黄杨、臭椿、槐树、皂荚、刺槐、冬青、广玉兰、朴树、珊瑚、夹竹桃、厚皮香、枸骨、银杏等。抗二氧化硫气体树种：榕树、九里香、棕榈、雀舌黄杨、瓜子黄杨、十大功劳、海桐、女贞、皂荚、夹竹桃、广玉兰、重阳木、黄杨等。抗氯气气体的树种：龙柏、皂荚、侧柏、海桐、山茶、椿树、夹竹桃、棕榈、构树、木槿、无花果、柳树、枸杞等。

2. 沿海城市防护林带的配置模式

城市防护林不但为城市区域经济发展提供庇护与保障，而且在环境保护方面、提高市民经济收入和风景游憩功能等方面发挥重要的作用。城市防护林应充分考虑其防御风沙、保持水土、涵养水源、保护生物多样性等生态效应，建立多林种、多树种、多层次的合理结构。在防护林的带宽、带距、疏透度方面，根据城市特点、地理条件来确定，一般林带由三带、四带、五带等组合形式组成。城市防护林树种选择时，要根据树种特性，充分考虑区域的自然、地理、气候等因素，因地制宜地进行合理的配置。

二、城市森林核心林地（片林）构建技术

（一）风景观赏型森林景观模式

该模式以满足人们视觉上的感官需求，发挥森林景观的观赏价值和游憩价值。风景观

赏型森林景观营造要全面考虑地形变化的因素，既要体现景象空间微观的景色效果，也要有不同视距和不同高度宏观的景观效应，充分利用现有森林资源和天然景观，尽量做到遍地林木阴郁，层林尽染。在树种组合上要充分发挥树种在水平方向和垂直方向上的结构变化，体现由不同树种有机组成的植物群体呈现出多姿多彩的林相及季相变化，显得自然而生动活泼。在立地条件差、土壤瘠薄的区域，可选择速生性强、耐瘠薄、耐旱涝和根系发达的树种，如巨尾桉、马占相思、山杜英、台湾相思、木麻黄、夹竹桃和杨梅等；常绿阔叶林主要组成树种有：木荷、青冈、润楠、榕属、潺槁树、厚壳树、土密树、朴树、台湾相思等；彩化景观树种主要有：木棉、黄山栾树、台湾栾树、凤凰木、黄金宝树、黄花槐、香花槐、刺桐、木芙蓉、山乌桕、山杜英、大花紫薇、野漆、幌伞枫、兰花楹、南洋楹、细叶榄仁、红花羊蹄甲、枫香、槐树等。

（二）休息游乐型森林景观模式

该模式以满足人们休息娱乐为目的，充分利用植物能够分泌和挥发有益的物质，合理配置林相结构，形成一定的生态结构，满足人们森林保健、健身或休闲野营等要求，从而达到增强身心健康的目的。树种选择上应选择能够挥发有益的物质，如桉树、侧柏、肉桂、柠檬、肖黄栌等；能分泌杀菌素，净化活动区的空气，如含笑、桂花、米兰、广玉兰、栀子、茉莉等，均能挥发出具有强杀菌能力的芳香油类，利于老人消除疲劳，保持愉悦的心情。枇杷能安神明目，广玉兰能散湿风寒。该模式的群落配置为：枇杷树+桃树+八仙花——八角金盘、枸骨——葱兰、广玉兰+香樟——桂花+胡颓子——薰衣草、含笑+桂花——栀子——玫瑰+月季、木荷+乐昌含笑—垂丝海棠、含笑—八仙花等群落。在福建地区可采用的乔木树种有：枫香、香椿、喜树、桂花、杨梅、厚朴、苦楝、杜仲、银杏、南方红豆杉、女贞、木瓜、山楂、枇杷、紫薇、柿树、枣树；灌木植物有：粗榧、小檗、十大功劳、枸杞、贴梗海棠、木芙蓉、连翘、九里香、枸骨、南天竺、羊踯躅、玫瑰、胡颓子、接骨木、火棘、石楠、夹竹桃、迎春；草本植物有：麦冬、沿阶草、玉簪、菊花、垂盆草、鸢尾、长春花、酢浆草、薄荷、水仙、野菊、万年青、荷花、菱、菖蒲、天南星、石蒜。

（三）文化展示型森林景观横式

该模式在植物群落建设同时强调意与形的统一，情与景的交融，利用植物寓意联想来创造美的意境，寄托感情，形成文化展示林，提高生态休闲的文化内涵，提升城市森林的品位。如利用优美的树枝，苍劲的古松，象征坚韧不拔；青翠的竹丛，象征挺拔、虚心劲节；傲霜的梅花，象征不怕困难、无所畏惧；利用植物的芳名：金桂、玉兰、牡丹、海棠组合，象征"金玉满堂"；桃花、李花象征"桃李满天下"；桂花，杏花象征富贵，幸福；合欢象征合家欢乐；利用丰富的色彩：色叶木引起秋的联想，白花象征宁静柔和，黄花朴素，红花欢快热烈等。在地域特色上，通过市花市树的应用，展示区域的文化内涵。如厦门的凤凰木、三角梅，福州的榕树、茉莉花，泉州的刺桐树、含笑花，莆田的荔枝树、月季花，龙岩的樟树、茶花和兰花，漳州的水仙花，三明的黄花槐、红花紫荆与迎春花等。

三、城市广场、公园、居住区及立体绿化技术

（一）广场绿化树种选择与配置技术

城市广场绿化可以调节温度、湿度、吸收烟尘、降低噪音和减少太阳辐射等。铺设草坪是广场绿化运用最普遍的手法之一，它可以在较短的时间内较好地实现绿化目的。广场草坪一般要选用多年生矮小的草本植物进行密植，经修剪形成平整的人工草地。选用的草本植物要具有个体小、枝叶紧密、生长快、耐修剪、适应性强、易成活等特点，常用的草种植物有：假俭草、地毯草、狗牙根、马尼拉草、中华结缕草、沿阶草。广场花坛、花池是广场绿化的造景要素，应用彩叶地被灌木树种进行绿化，可以给广场的平面、立体形态增加变化，常见的形式有花带、花台、花钵及花坛组合等，其布置灵活多变。地被植物有：龙舌兰、红苋草、红桑、紫鸭趾草、小蚌花、红背桂、大花美人蕉、花叶艳山姜、天竺葵、一串红、美女樱；灌木彩叶树种有：黄金榕、朱顶红、肖黄栌、变叶木、金叶女贞、红枫、紫叶李、花叶马拉巴栗、紫叶小檗、黄金葛等。

（二）公园绿化树种选择与配置技术

城市公园生态环境系统是一个人工化的环境系统，是以原有的自然山水和森林植物群落为依托，经人们的加工提炼和艺术概括，高度浓缩和再现原有的自然环境，供城市居民娱乐游憩生活消费。植物景观营造必须从其综合的功能要求出发，具备科学性与艺术性两个方面的高度统一，既要满足植物与环境在生态适应上的统一，又要通过艺术构图原理体现出植物个体及群体的形式美及人们在欣赏时所产生的意境美。树种配置主要是模拟和借鉴野外植物群落的组成，源于自然又高于自然，利用国内外先进的生态园林建设理念，进行详尽规划设计，多选用乡土树种，富有创造性地营造稳定生长的植物群落。

营建滨水区的植物群落特色，利用自然或人工的水环境，从水生植物逐渐过渡到陆生植物形成湿生植物带，植物、动物与水体相映成趣、和谐统一。由于水岸潮间带是野生动植物的理想栖息地，能形成稳定的自然生态系统，是城市中的最佳人居环境。

利用地形地貌营造的植物群落，福建省丘陵山地多，峭壁、溪涧、挡墙、岩石、人工塑石等复杂地形特征很常见，依地形而建的植物群落易成主景，利用本土树种、野生植物、岩生植物、旱生植物进行风景林相改造，营造出层次丰富、物种丰富的山地植物群落。

以草坪和丛林为主的植物群落，大草坪做衬底，花镜做林缘线，丛林构成高低起伏的天际线，中间层简洁，整个群落轮廓清楚、过渡自然、层次分明，观赏性强，人们可以在群落内游憩，这类植物群落可以在广场绿地、休闲绿地等中心绿地广为应用。

以中小乔木为主突出季相变化的小型植物群落，乔木层结构简单、灌木层丰富、以大花乔木和落叶乔木为主，搭配大量灌木、观叶植物、花卉地被，突出植物造景，这类植物群落可用于街头绿地、建筑广场、道路隔离带等小型绿地。

以高大乔木为主结构复杂的植物群落，借鉴和模拟亚热带和中亚热带原始植物群落景观，上层选用高大阳性乔木，二层、三层为半阴性中小乔木和大藤本，灌木层由耐阴观叶植物、藤灌、小树组成，地被为耐强阴的草本、蔓性地被，在树枝上挂着附生植物，这类植物群落适宜在城市中心绿地、道路两侧绿化带等城市之"肺"上营造。

以棕榈科植物为主的植物群落，以高大的棕榈树高低错落组合形成群落主体，群落中间配置丛生及藤本棕榈植物，增强群落层次，底层选用花卉、半阴性地被、草皮来衬托棕榈植物优美的树形。

（三）居住区与单位庭院树种配置模式

居住区与单位是人们生活和工作的场所。为了更好地创造出舒适和优美的生活环境，在树种配置时应注意空间和景观的多样性，以植物造园为主进行合理布局，做到不同季节、时间都有景可观，并能有效组织分隔空间，充分发挥生态、景观和使用三个方面的综合效用。

1. 公共绿地

公共绿地为居民工作和生活提供良好的生态环境，功能上应满足不同年龄段的休息、交往和娱乐的场所，并有利于居民身心健康。树种配置时应充分利用植物来划分功能区和景观，使植物景观的意境和功能区的作用相一致。在布局上应根据原有地形、绿地、周围环境进行布局，采用规则式、自然式、混合式布置形式。由于公共绿地面积较小，布置紧凑，各功能分区或景观间的节奏变化较快，因而在植物选择上也应及时转换，符合功能或景区的要求。植物选择上不应具有带刺的或有毒、有臭味的树木，而应利用一些香花植物进行配置，如白兰花、广玉兰、含笑、桂花、栀子花、云南黄素馨等，形成特色。

2. 中心游园

居住小区中心游园是为居民提供活动休息的场所，因而在植物配置上要求精心、细致和耐用。以植物造景为主，考虑四季景观，如体现春景可种植垂柳、白玉兰、迎春、连翘、海棠、碧桃等，使得春日时节，杨柳青青，春花灼灼；而在夏园，则宜选用台湾栾树、凤凰木、合欢、木槿、石榴、凌霄、蜀葵等，炎炎夏日，绿树成荫，繁花似锦；秋园可种植柿树、红枫、紫薇、黄栌，层林尽染，硕果累累；冬有蜡梅、罗汉松、龙柏、松柏，苍松翠柏，从而形成丰富的季相景观，使全年都能欣赏到不同的景色。同时，还要因地制宜地设置花坛、花境、花台、花架、花钵等植物应用形式，为人们休息、游玩创造良好的条件。

3. 宅旁组团绿地

是结合居住区不同建筑组群的组成而形成的绿化空间，在植物配置时要考虑到居民的生理和心理的需要，利用植物围合空间，尽可能地植草种花，形成春花、夏绿、秋色、冬姿的美好景观。在住宅向阳的一侧，应种落叶乔木，以利夏季遮阴和冬季采光，但应在窗外 5 m 处栽植，注意不要栽植常绿乔木，在住宅北侧，应选用耐阴花灌木及草坪，如大叶棕竹、散尾葵、珍珠梅、绣球花等。为防止西晒，东西两侧可种植攀缘植物或高大落叶乔木，如五叶地锦、炮仗花、凌霄、爬山虎、木棉等，墙基角隅可种植低矮的植物，使垂直的建筑墙体与水平的地面之间以绿色植物为过渡，如植佛肚竹、鱼尾葵、满天星、铺地柏、棕竹、凤尾竹等，使其显得生动活泼。

4. 专用绿地

各种公共建筑的专用绿地要符合不同的功能要求，并和整个居住区的绿地综合起来考虑，使之成为有机整体。托儿所等地的植物选择宜多样化，多种植树形优美、少病虫害、色彩鲜艳、季相变化明显的植物，使环境丰富多彩，气氛活泼；老年人活动区域附近则需营造一个清静、雅致的环境，注重休憩、遮阴要求，空间相对较为封闭；医院区域内，重点选择具有杀菌功能的松柏类植物；而工厂重点污染区，则应根据污染类型有针对性地选择适宜的抗污染植物，建立合理的植被群落。

（四）城市立体绿化模式

城市森林不仅是为了环境美化，更重要的是改善城市生态环境。随着城市社会经济高速发展，城区内林地与建筑用地的矛盾日益突出。因此，发展垂直绿化是提高城市绿地"三维量"的有效途径之一，能够充分利用空间，达到绿化、美化的目的。在尽可能挖掘城市林地资源的前提下，通过高架垂直绿化、屋顶绿化、墙面栏杆垂直绿化、窗台绿化、檐口绿化等占地少或不占地而效果显著的立体绿化形式，构筑具有南亚热带地域特色的立体绿色生态系统，提高绿视率，最大限度地发挥植物的生态效益。垂直绿化是通过攀缘植物去实现，攀缘植物具有柔软的攀缘茎，以缠绕、攀缘、钩附、吸附等四种方式依附其上。福建地区适合墙体绿化的攀缘植物有：爬山虎、异叶爬山虎、络石、扶芳藤、薜荔、蔓八仙花、美国凌霄、中华常春藤、大花凌霄等；适宜花架、绿廊、拱门、凉亭等绿化的植物有：三角梅、山葡萄、南五味子、葛藤、南蛇藤、毛茉莉、炮仗花、紫藤、龙须藤等；适宜栅栏、篱笆、矮花墙等；低矮且通透性的分隔物绿化植物有：大花牵牛、圆叶牵牛、藤本月季、白花悬钩子、多花蔷薇、长花铁线莲、炮仗花、硬骨凌霄、三角梅等；屋顶绿化应选用浅根性、喜光、耐旱、耐瘠薄和树姿轻盈的植物，主要植物有：葡萄、月季、金银花、雀舌黄杨、迎春、茑萝、马尼拉草、圆叶牵牛、海棠、金叶小檗、洒金榕、凌霄、薜荔、仙人球、龙舌兰、南天竹、十大功劳、八角金盘、桃叶珊瑚、杜鹃等。

第四节　林业生态工程建设与管理

一、现代林业生态工程的建设方法

（一）要以和谐的理念来开展现代林业生态工程建设

1. 如何构建和谐林业生态工程项目

构建和谐项目一定要做好五个结合。一是在指导思想上，项目建设要和林业建设、经济建设的具体实践结合起来。如果我们的项目不跟当地的生态建设、当地的经济发展结合起来，就没有生命力。不但没有生命力，而且在未来还可能会成为包袱。二是在内容上要与林业、生态的自然规律和市场经济规律结合起来，才能有效地发挥项目的作用。三是在项目的管理上要按照生态优先，生态、经济兼顾的原则，与以人为本的工作方式结合起来。四是在经营措施上，主要目的树种、优势树种要与生物多样性、健康森林、稳定群落等有机地结合起来。五是在项目建设环境上要与当地的经济发展，特别是解决"三农"问题结合起来。这样我们的项目就能成为一个和谐项目，就有生命力。

构建和谐项目，要在具体工作上一项一项地抓落实。一要检查林业外资项目的机制和体制是不是和谐。二要完善安定有序、民主法治的机制，如林地所有权、经营权、使用权和产权证的发放。三要检查项目设计、施工是否符合自然规律。四要促进项目与社会主义市场经济规律相适应。五要建设整个项目的和谐生态体系。六要推动项目与当地的"三农"问题、社会经济的和谐发展。七要检验项目所定的支付、配套与所定的产出是不是和谐。总之，要及时检查项目措施是否符合已确定的逻辑框架和目标，要看项目林分之间、林分和经营（承包）者、经营（承包）者和当地的乡村组及利益人是不是和谐了。如果这些都能够做到的话，那么我们的林业外资项目就是和谐项目，就能成为各类林业建设项目的典范。

2. 努力从传统造林绿化理念向现代森林培育理念转变

传统的造林绿化理念是尽快消灭荒山或追求单一的木材、经济产品的生产，容易造成生态系统不稳定、森林质量不高、生产力低下等问题，难以做到人与自然的和谐。现代林业要求引入现代森林培育理念，在森林资源培育的全过程中始终贯彻可持续经营理论，从造林规划设计、种苗培育、树种选择、结构配置、造林施工、幼林抚育规划等森林植被恢复各环节采取有效措施，在森林经营方案编制、成林抚育、森林利用、迹地更新等森林经营各环节采取科学措施，确保恢复、培育的森林能够可持续保护森林生物多样性、充分发挥林地生产力，实现森林可持续经营，实现林业可持续发展，实现人与自然的和谐。

在现阶段，林业工作者要实现营造林思想的"三个转变"。首先要实现理念的转变，即从传统的造林绿化理念向现代森林培育理念转变。其次要从原先单一的造林技术向现在符合自然规律和经济规律的先进技术转变。再次要从只重视造林忽视经营向造林经营并举，全面提高经营水平转变。"三分造，七分管"说的就是重视经营，只有这样，才能保护生物多样性，发挥林地生产力，最终实现森林可持续经营。要牢固树立"三大理念"，即健康森林理念、可持续经营理念、循环经济理念。

森林经营范围非常广，不仅仅是抚育间伐，而应包括森林生态系统群落的稳定性、种间矛盾的协调、生长量的提高等。例如，安徽省森林经营最薄弱的环节是通过封山而生长起来的大面积的天然次生林，特别是其中的针叶林，要尽快采取人为措施，在林中补植、补播一部分阔叶树，改良土壤，平衡种间和种内矛盾，提高林分生长量。

（二）现代林业生态工程建设要与社区发展相协调

现代林业生态工程与社会经济发展是当今世界现代林业生态工程领域的一个热点，是世界生态环境保护和可持续发展主题在现代林业生态工程领域的具体化。下面通过对现代林业生态工程与社区发展之间存在的矛盾、保护与发展的关系进行概括介绍，揭示其在未来的发展中应注意的问题。

1. 现代林业生态工程与社区发展之间的矛盾

我国是一个发展中的人口大国，社会经济发展对资源和环境的压力正变得越来越大。如何解决好发展与保护的关系，实现资源和环境可持续利用基础上的可持续发展，将是我国在今后所面临的一个世纪性的挑战。

在现实国情条件下，现代林业生态工程必须在发展和保护相协调的范围内寻找存在和发展的空间。在我国，以往在林业生态工程建设中采取的主要措施是应用政策和法律的手段，并通过保护机构，如各级林业主管部门进行强制性保护。不可否认，这种保护模式对现有的生态工程建设区域内的生态环境起到了积极的作用，也是今后应长期采用的一种保护模式。但通过上述保护机构进行强制性保护存在两个较大的问题，一是成本较高。对建设区域国家每年要投入大量的资金，日常的运行和管理费用也需要大量的资金注入。在经济发展水平还较低的情况下，全面实施国家工程管理将受到经济的制约。在这种情况下，应更多地调动社会的力量，特别是广大农村乡镇所在社区对林业的积极参与，只有这样才能使林业生态工程成为一种社会行为，并取得广泛和长期的效果。二是通过行政管理的方式实施林业项目可能会使所在区域与社区发展的矛盾激化，林业工程实施将项目所在的社区作为主要干扰和破坏因素，而社区也视工程为阻碍社区经济发展的主要制约因素，矛盾的焦点就是自然资源的保护与利用。可以说，现代林业生态工程是为了国家乃至人类长远利益的伟大事业，是无可非议的，而社区发展也是社区的正当权利，是无可指责的，但目前的工程管理模式无法协调解决这个保护与发展的基本矛盾。因此，采取有效措施促进社区的可持续发展，对现代林业生态工程的积极参与，并使之受益于保护的成果，使现代林业生态工程与社区发展相互协调将是今后我国现代林业生态工程的主要发展方向，它也是将现代林业生态工程的长期利益与短期利益、局部利益与整体利益有机地结合在一起的最好形式，是现代林业生态工程可持续发展的具体体现。

2. 现代林业生态工程与社区发展的关系

如何协调经济发展与现代林业生态工程的关系已成为可持续发展主题的重要组成部分。社会经济发展与现代林业生态工程之间的矛盾是一个世界性的问题，在我国也不例外，在一些偏远农村这个矛盾表现得尤为突出。这些地方自然资源丰富，但却没有得到合理利用，或利用方式违背自然规律，造成贫穷的原因并没有得到根本的改变。在面临发展危机和财力有限的情况下，大多数地方政府虽然对林业生态工程有一定的认识和各种承诺，但实际投入却很少，这也是造成一些地区生态环境不断退化和资源遭到破坏的一个主要原因，而且这种趋势由于地方经济发展的利益驱动有进一步加剧的可能。从根本上说，保护与发展的矛盾主要体现在经济利益上，因此，分析发展与保护的关系也应主要从经济的角度进行。

从一般意义上说，林业生态工程是一种公益性的社会活动，为了自身的生存和发展，我们对林业生态工程将给予越来越高的重视。但对于工程区的农民来说，他们为了生存和发展则更重视直接利益。如果不能从中得到一定的收益，他们在自然资源使用及土地使用决策时，对林业生态工程就不会表现出多大的兴趣。事实也正是如此，当地社区在林业生态工程和自然资源持续利用中得到的现实利益往往很少，时潜在和长期的效益一般需要较长时间才能被当地人所认识。与此相反，林业生态工程给当地农民带来的发展制约却是十分明显的，特别是在短期内，农民承积着林业生态工程造成的许多不利影响，如资源使用和环境限制，以及退出耕地造林收入减少等，所以他们知道林业生态工程虽是为了整个人类的生存和发展，但在短期内产生的成本却使当地社区牺牲了一些发展的机会，使自身的经济发展和社会发展都受到一定的损失。

从系统论的角度分析，社区包含两个大的子系统，一个是当地的生态环境系统，另一个是当地的社区经济系统，这两个系统不是孤立和封闭的。从生态经济的角度看，这两个系统都以其特有的方式发挥着它们对系统的影响。当地社区的自然资源既是当地林业生态工程的重要组成部分，又是当地社区社会经济发展最基础的物质源泉，这就不可避免地使保护和发展在资源的利益取向上对立起来。只要世界上存在发展和保护的问题，它们之间的矛盾就是一个永恒的主题。

基于上述分析可以得出，如何协调整体和局部利益是解决现代林业生态工程与社区发展之间矛盾的一个关键。在很多地区，由于历史和地域的原因，其发展都是通过对自然资源进行粗放式的、过度的使用来实现的，如要他们放弃这种发展方式，采用更高的发展模式是勉为其难和不现实的。因而，在处理保护与发展的关系时，要公正和客观地认识社区的发展能力和发展需求。具体来说，解决现代林业生态工程与社区发展之间矛盾的可能途径主要有三条：一是通过政府行为，即通过一些特殊和优惠的发展政策来促进所在区域的社会经济发展"以弥补由于实施林业生态工程给当地带来的损失，由于缺乏成功的经验和成本较大等原因，目前采纳这种方式比较困难，但可以预计，政府行为将是在大范围和从根本上解决保护与发展之间矛盾的主要途径。二是在林业生态工程和其他相关发展活动中用经济激励的方法，使当地的农民在林业生态工程和资源持续利用中能获得更多的经济收益，这就是说要寻找一种途径，既能使当地社区从自然资源获得一定的经济利益，又不使资源退化，使保护和发展的利益在一定范围和程度内统一在一起，这是目前比较适合农村现状的途径，其原因是这种方式涉及面小、比较灵活、实效性较强、成本也较低。三是通过综合措施，即将政府行为、经济激励和允许社区对自然资源适度利用等方法结合在一起，使社区既能从林业生态工程中获取一定的直接收益，又能获得外部扶持及政策优惠，这条途径可以说是解决保护与发展矛盾的最佳选择，但它涉及的问题多、难度大，应是今后长期发展的目标。

（三）要实行工程项目管理

所谓工程项目管理是指项目管理者为了实现工程项目目标，按照客观规律的要求，运用系统工程的观点、理论和方法，对执行中的工程项目的进展过程中各阶段工作进行计划、组织、控制、沟通和激励，以取得良好效益的各项活动的总称。

一个建设项目从概念的形成、立项申请、进行可行性研究分析、项目评估决策、市场定位、设计、项目的前期准备工作、开工准备、机电设备和主要材料的选型及采购、工程项目的组织实施、计划的制订、工期质量和投资控制、直到竣工验收、交付使用，经历了很多不可缺少的工作环节，其中任何一个环节的成功与否都直接影响工程项目的成败，而工程项目的管理实际是贯穿了工程项目的形成全过程，其管理对象是具体的建设项目，而管理的范围是项目的形成全过程。

建设项目一般都有一个比较明确的目标，但下列目标是共同的：即有效地利用有限的资金和投资，用尽可能少的费用、尽可能快的速度和优良的工程质量建成工程项目，使其实现预定的功能交付使用，并取得预定的经济效益。

1. 工程项目管理的五大过程

（1）启动

批准一个项目或阶段，并且有意向往下进行的过程。

（2）计划

制定并改进项目目标，从各种预备方案中选择最好的方案，以实现所承担项目的目标。

（3）执行

协调人员和其他资源并实施项目计划。

（4）控制

通过定期采集执行情况数据，确定实施情况与计划的差异，便于随时采取相应的纠正措施，保证项目目标的实现。

（5）收尾

对项目的正式接收，达到项目有序的结束。

2. 工程项目管理的工作内家

工程项目管理的工作内容很多，但具体的讲主要有以下 5 个方面的职能。

（1）计划职能

将工程项目的预期目标进行筹划安排，对工程项目的全过程、全部目标和全部活动统统纳入计划的轨道，用一个动态的可分解的计划系统来协调控制整个项目，以便提前揭露矛盾，使项目在合理的工期内以较低的造价高质量地协调有序地达到预期目标，因此讲工程项目的计划是龙头，同时计划也是管理。

（2）协调职能

对工程项目的不同阶段、不同环节，与之有关的不同部门、不同层次之间，虽然都各有自己的管理内容和管理办法，但他们之间的结合部往往是管理最薄弱的地方，需要有效的沟通和协调，而各种协调之中，人与人之间的协调又最为重要。协调职能使不同的阶段、不同环节、不同部门、不同层次之间通过统一指挥形成目标明确、步调一致的局面，同时通过协调使一些看似矛盾的工期、质量和造价之间的关系，时间、空间和资源利用之间的关系也得到了充分统一，所有这些对于复杂的工程项目管理来说无疑是非常重要的工作。

（3）组织职能

在熟悉工程项目形成过程及发展规律的基础上，通过部门分工、职责划分，明确职权，建立行之有效的规章制度，使工程项目的各阶段各环节各层次都有管理者分工负责，形成一个具有高效率的组织保证体系，以确保工程项目的各项目标的实现。这里特别强调的是可以充分调动起每个管理者的工作热情和积极性，充分发挥每个管理者的工作能力和长处，以每个管理者完美的工作质量换取工程项目的各项目标的全面实现。

（4）控制职能

工程项目的控制主要体现在目标的提出和检查、目标的分解、合同的签订和执行、各种指标、定额和各种标准、规程、规范的贯彻执行，以及实施中的反馈和决策来实现的。

（5）监督职能

监督的主要依据是工程项目的合同、计划、规章制度、规范、规程和各种质量标准、工作标准等，有效的监督是实现工程项目各项目标的重要手段。

（四）要用参与式方法来实施现代林业生态工程

1. 参与式方法的概念

参与式方法是 20 世纪后期确立和完善起来的一种主要用于与农村社区发展内容有关项目的新的工作方法和手段，其显著特点是强调发展主体积极、全面地介入发展的全过程，使相关利益者充分了解他们所处的真实状况、表达他们的真实意愿，通过对项目全程参与，提高项目效益，增强实施效果。具体到有关生态环境和流域建设等项目，就是要变传统"自上而下"的工作方法为"自下而上"的工作方法，让流域内的社区和农户积极、主动、全面地参与到项目的选择、规划、实施、监测、评价、管理中来，并分享项目成果和收益。参与式方法不仅有利于提高项目规划设计的合理性，同时也更易得到各相关利益群体的理解、支持与合作，从而保证项目实施的效果和质量。目前各国际组织在发展中国家开展援助项目时推荐并引入的一种主要方法。与此同时，通过促进发展主体（如农民）对项目全过程的广泛参与，帮助其学习掌握先进的生产技术和手段，提高可持续发展的能力。

引进参与式方法能够使发展主体所从事的发展项目公开透明，把发展机会平等地赋予目标群体，使人们能够自主地组织起来，分担不同的责任，朝着共同的目标努力工作，在发展项目的制订者、计划者以及执行者之间形成一种有效、平等的"合伙人关系"。参与式方法的广泛运用，可使项目机构和农民树立参与式发展理念并运用到相关项目中去。

2. 参与式方法的程序

（1）参与式农村评估

参与式农村评估是一种快速收集农村信息资料、资源状况与优势、农民愿望和发展途径的新方法。这种方法可促使当地居民（不同的阶层、民族、宗教、性别）不断加强对自身与社区及其环境条件的理解，通过实地考察、调查、讨论、研究，与技术、决策人员一道制订出行动计划并付诸实施。

在生态工程启动实施前，一般对项目区的社会经济状况进行调查，了解项目区的贫困状况、土地利用现状、现存问题，询问农民的愿望和项目初步设计思想，同政府官员、技术人员和农民一起商量最佳项目措施改善当地生态环境和经济生活条件。

参与式农村评估的方法有半结构性访谈、划分农户贫富类型、制作农村生产活动季节、绘制社区生态剖面、分析影响发展的主要或核心问题、寻找发展机会等。

具体调查步骤是，评估组先与项目县座谈，了解全县情况和项目初步规划以及规划的做法，选择要调查的项目乡镇、村和村民组；再到项目村和村民组调查土地利用情况，让农民根据自己的想法绘制土地利用现状草图、土地资源分布剖面图、农户分布图、农事活动安排图，倾听农民对改善生产生活环境的意见，并调查项目村、组的社会经济状况和项目初步规划情况等；然后根据农民的标准将农户分成3~5个等次，在每个等次中走访1个农户，询问的主要内容包括人口，劳力，有林地、荒山、水田、旱地面积，农作物种类及产量，详细收入来源和开支情况，对项目的认识和要求等介绍项目内容和支付方法，并让农民重新思考希望自家山场种植的树种和改善生活的想法；最后，隔1~3天再回访，收集农民的意见，现场与政府官员、林业技术人员、农民商量，找出大家都认同的初步项目措施，避免在项目实施中出现林业与农业用地、劳力投入与支付、农民意愿与规划设计、项目林管护、利益分配等方面的矛盾，保证项目的成功和可持续发展。

（2）参与式土地利用规划

参与式土地利用规划是以自然村/村民小组为单位，以土地利用者（农民）为中心，在项目规划人员、技术人员、政府机构和外援工作人员的协助下，通过全面系统地分析当地土地利用的潜力和自然、社会、经济等制约因素，共同制订未来土地利用方案及实施的过程。这是一种自下而上的规划，农户是制订和实施规划的最基本单元。参与式土地利用规划的目的是让农民能够充分认识和了解项目的意义、目标、内容、活动与要求，真正参与自主决策，从而调动他们参与项目的积极性，确保项目实施的成功。参与式土地利用规划的参与方有：援助方（即国外政府机构、非政府组织和国际社会等）、受援方的政府、目标群体（即农户、村民小组和村民委员会）、项目人员（即承担项目管理与提供技术支持的人员）。

之所以采用参与式土地利用规划是因为过去实施的同类项目普遍存在以下问题：①由于农民缺乏积极性和主动性导致造林成活率低及林地管理不善。这是因为他们没有参与项目的规划及决策过程，而只是被动地执行，对于为什么要这样做？这样做会有什么好处也不十分清楚，所以认为项目是政府的而不是自己的，自己参与一些诸如造林等工作只不过是出力拿钱而已，至于项目最终搞成什么样子，与己无关。②由于树种选择不符或者种植技术及管理技术不当导致造林成活率和保存率低，林木生长不良。③由于放牧或在造林地进行农业活动等导致造林失败。

通过参与式土地利用规划过程，则可以起到以下作用：①激发调动农民的积极性，使农民自一开始就认识到本项目是自己的项目，自己是执行项目的主人。②分析农村社会经济状况及土地利用布局安排，确定制约造林与营林管护的各种因子。③在项目框架条件下根据农民意愿确定最适宜的造林地块、最适宜的树种及管护安排。④鼓励农民进行未来经营管理规划。⑤尽量事先确认潜在土地利用冲突，并寻找对策，防患于未然。

参与式土地利用规划（PLUP）并没有严格固定的方法，主要利用一系列具体手段和工具促进目标群体即农民真正参与，确保多数村民参与共同决策并制订可行的规划方案。

（3）参与式监测与评估

运用参与式进行项目的监测与评价要求利益双方均参与，它是运用参与式方法进行计划、组织、监测和项目实施管理的专业工具和技术，能够促进项目活动的实施得到最积极的响应，能够很迅速地反馈经验、最有效地总结经验教训，提高项目实施效果。

在现代林业生态工程参与式土地利用规划结束时，对项目规划进行参与式监测与评估的目的是：评价参与式土地利用规划方法及程序的使用情况，检查规划完成及质量情况、发现问题并讨论解决方案、提出未来工作改进建议。

参与式监测与评估的方法是：在进行参与式土地利用的规划过程中，乡镇技术人员主动发现和自我纠正问题，监测中心、县项目办人员到现场指导规划工作，并检查规划文件与村民组实际情况的一致性；其间，省项目办、监测中心、国内外专家不定期到实地抽查；当参与式土地利用规划文件准备完成后，县项目办向省项目办提出评估申请；省项目办和项目监测中心派员到项目县进行监测与评估；最后，由国内外专家抽查评价。评估小组至少由两人组成：项目监测中心负责参与式土地利用规划的代表一名和其他县项目办代表一名。他们都是参加过参与式土地利用规划培训的人员。

参与式监测与评估的程序是：评估小组按照省项目办、监测中心和国际国内专家研定的监测内容和打分表，随机检查参与式土地利用规划文件，并抽查 1~3 个村民组进行现场核对，对文件的完整性和正确性打分，如发现问题，与县乡技术人员以及农民讨论存在的困难，寻找解决办法。评估小组在每个乡镇至少要检查 50% 的村民组（行政村）规划文件，对每份规划文件给予评价，并提出进一步完善意见，如果该乡镇被查文件的 70% 通过了评估，则该乡镇的参与式土地利用规划才算通过了评估。省项目办、监测中心和国际国内专家再抽查评估小组的工作，最后给予总体评价。

三、现代林业生态工程的管理机制

林业生态工程管理机制是系统工程，借鉴中德财政合作造林项目的管理机制的成功经验，针对不同阶段、不同问题，我们研究整治出建立国际林业生态工程管理机制应包含组织管理、规划管理、工程管理、资金管理、项目监理、信息管理、激励机制、示范推广、人力资源管理、审计保障十大机制。

（一）组织管理机制

省、市、县、乡（镇）均成立项目领导组和项目管理办公室。项目领导组组长一般由政府主要领导或分管领导担任，林业和相关部门负责人为领导组成员，始终坚持把林业外资项目作为林业工程的重中之重抓紧抓实。项目领导组下设项目管理办公室，作为同级林业部门的内设机构，由林业部门分管负责人兼任项目管理办公室主任，设专职副主任，配备足够的专职和兼职管理人员，负责项目实施与管理工作。同时，项目领导组下设独立的项目监测中心，定期向项目领导组和项目办提供项目监测报告，及时发现施工中出现的问题并分析原因，建立项目数据库和图片资料档案，评价项目效益，提交项目可持续发展建议等。

（二）规划管理机制

按照批准的项目总体计划（执行计划），在参与式土地利用规划的基础上编制年度实施计划。从山场规划、营造的林种树种、技术措施方面尽可能地同农民讨论，并引导农民改变一些传统的不合理习惯，实行自下而上、多方参与的决策机制。参与式土地利用规划中可以根据山场、苗木、资金、劳力等实际情况进行调整，用"开放式"方法制订可操作的年度实施计划。项目技术人员召集村民会议、走访农户、踏查山场等，与农民一起对项目小班、树种、经营管理形式等进行协商，形成详细的图、表、卡等规划文件。

（三）工程管理机制

以县、乡（镇）为单位，实行项目行政负责人、技术负责人和施工负责人责任制，对项目全面推行质量优于数量、以质量考核实绩的质量管理制。为保证质量管理制的实行，上级领导组与下级领导组签订行政责任状，林业主管单位与负责山场地块的技术人员签订技术责任状，保证工程建设进度和质量。项目工程以山脉、水系、交通干线为主线，按区域治理、综合治理、集中治理的要求，合理布局，总体推进。工程建设大力推广和应用林业先进技术，坚持科技兴林，提倡多林种、多树种结合、乔灌草配套，防护林必须营造混交林。项目施工保护原有植被，并采取水土保持措施（坡改梯、谷坊、生物带等），禁止炼山和全垦整地，营建林区步道和防火林带，推广生物防治病虫措施，提高项目建设综合效益。推行合同管理机制，项目基层管理机构与农民签订项目施工合同，明确双方权利和义务，确保项目成功实施和可持续发展。项目的基建工程和车辆设备采购实行国际、国内招标或"三家"报价，项目执行机构成立议标委员会，选择信誉好、质量高、价格低、后期服务优的投标单位中标，签订工程建设或采购合同。

（四）涂金管理机制

项目建设资金单设专用账户，实行专户管理、专款专用，县级配套资金进入省项目专户管理，认真落实配套资金，确保项目顺利进展，不打折扣。实行报账制和审计制。项目县预付工程建设费用，然后按照批准的项目工程建设成本，以合同、监测中心验收合格单、领款单、领料单等为依据，向省项目办申请报账。经审计后，省项目办给项目县核拨合格工程建设费用，再向国内外投资机构申请报账。项目接受国内外审计，包括账册、银行记录、项目林地、基建现场、农户领款领料、设备车辆等的审计。项目采用报账制和审计制，保证了项目任务的顺利完成、工程质量的提高和项目资金使用的安全。

（五）监测评估机制

项目监测中心对项目营林工程和非营林工程实行按进度全面跟踪监测制，选派一名技术过硬、态度认真的专职监测人员到每个项目县常年跟踪监测，在监测中使用 GIS 和 GPS 等先进技术。营林工程监测主要监测施工面积和位置、技术措施（整地措施、树种配置、栽植密度）、施工效果（成活率、保存率、抚育及生长情况等）。非营林工程监测主要由项目监测中心在工程完工时现场验收，检测工程规模、投资和施工质量。监测工作结束后，提交监测报告，包括监测方法、完成的项目内容及工作最、资金用量、主要经验与做法、监测结果分析与评价、问题与建议等，并附上相应的统计表和图纸等。

（六）信息管理机制

项目建立计算机数据库管理系统，连接 GIS 和 GPS，及时准确地掌握项目进展情况和实施成效，科学地进行数据汇总和分析。项目文件、图表卡、照片、录像、光盘等档案实行分级管理，建立项目专门档案室（柜），订立档案管理制度，确定专人负责立卷归档、查阅借还和资料保密等工作。

（七）激励惩戒机制

项目建立激励机制，对在项目规划管理、工程管理、资金管理、项目监测、档案管理中做出突出贡献的项目人员，给予通报表彰、奖金和证书，做到事事有人管、人人愿意做。在项目管理中出现错误的，要求及时纠正；出现重大过错的，视情节予以处分甚至调离项目队伍。

（八）示范推广机制

全面推广林业科学技术成果和成功的项目管理经验。全面总结精炼外资项目的营造林技术、水土保持技术和参与式土地利用规划、合同制、报账制、评估监测以及审计、数字化管理等经验，应用于林业生产管理中。

（九）人力保障机制

根据林业生产与发展的技术需求，引进一批国外专家和科技成果，加大林业生产的科技含量。组织林业管理、技术人员到国外考察、培训、研修、参加国际会议等，开阔视野，提高人员素质，注重培养国际合作人才，为林业大发展积蓄潜力，扩大林业对外合作的领域，推进多种形式的合资合作，大力推进政府各部门间甚至民间的林业合作与交流。

（十）审计保障机制

省级审计部门按照外资项目规定的审计范围和审计程序，全面审查省及项目县的财务报表、总账和明细账，核对账表余额，抽查会计凭证，重点审查财务收支和财务报表的真实性；并审查项目建设资金的来源及运用，包括审核报账提款原始凭证，资金的入账、利息、兑换和拨付情况；对管理部门内部控制制度进行测试评价；定期向外方出具无保留意见的审计报告。外方根据项目实施进度，于项目中期和竣工期委派国际独立审计公司审计项目，检查省项目办所有资金账目，随机选择项目县全县项目财务收支和管理情况，检查设备采购和基建三家报价程序和文件，并深入项目建设现场和农户家中，进行施工质量检查和劳务费支付检查。

参考文献

[1] 赵小芳. 城市公共园林景观设计研究 [M]. 哈尔滨：哈尔滨出版社，2020. 07.

[2] 张文婷，王子邦. 园林植物景观设计 [M]. 西安：西安交通大学出版社，2020. 08.

[3] 张鹏伟，路洋，戴磊. 园林景观规划设计 [M]. 长春：吉林科学技术出版社，2020. 04.

[4] 陆娟，赖茜. 景观设计与园林规划 [M]. 延吉：延边大学出版社，2020. 04.

[5] 杨琬莹. 园林植物景观设计新探 [M]. 北京：北京工业大学出版社，2020. 07.

[6] 孟宪民，刘桂玲. 园林景观设计 [M]. 北京：清华大学出版社，2020. 01.

[7] 张炜，范玥，刘启泓. 园林景观设计 [M]. 北京：中国建筑工业出版社，2020. 08.

[8] 韦杰. 现代城市园林景观设计与规划研究 [M]. 长春：吉林美术出版社，2020. 06.

[9] 刘润乾，王雨，史永功. 城乡规划与林业生态建设 [M]. 黑龙江美术出版社有限公司，2020.

[10] 王瑶. 森林培育与林业生态建设 [M]. 长春：吉林科学技术出版社，2020. 08.

[11] 邓永红. 林业生态扶贫之路探索 [M]. 昆明：云南科技出版社，2020. 03.

[12] 展洪德. 面向生态文明的林业和草原法治 [M]. 北京：中国政法大学出版社，2020. 08.

[13] 李泰君. 现代林业理论与生态工程建设 [M]. 中国原子能出版社，2020. 09.

[14] 宋建成，吴银玲. 园林景观设计 [M]. 天津：天津科学技术出版社，2019. 08.

[15] 李琰. 园林景观设计摭谈从概念到形式的艺术 [M]. 北京：新华出版社，2019. 09.

[16] 黄维. 在美学上凸显特色园林景观设计与意境赏析 [M]. 长春：东北师范大学出版社，2019. 05.

[17] 朱宇林，梁芳，乔清华. 现代园林景观设计现状与未来发展趋势 [M]. 长春：东北师范大学出版社，2019. 02.

[18] 盛丽. 生态园林与景观艺术设计创新 [M]. 江苏凤凰美术出版社, 2019. 02.

[19] 彭丽. 现代园林景观的规划与设计研究 [M]. 长春：吉林科学技术出版社, 2019. 08.

[20] 李宁. 林业生态建设科技与治理模式研究 [M]. 长春：吉林科学技术出版社, 2019. 12.

[21] 王军梅, 刘亨华, 石仲原. 以生态保护为主体的林业建设研究 [M]. 北京：北京工业大学出版社, 2019. 10.

[22] 舒立福, 刘晓东, 杨光. 国家林业和草原局普通高等教育"十三五"规划教材森林草原火生态 [M]. 北京：中国林业出版社, 2019. 03.

[23] 柯水发, 李红勋. 林业绿色经济理论与实践 [M]. 北京：人民日报出版社, 2019. 05.

[24] 蒋志仁, 刘菊梅, 蒋志成. 现代林业发展战略研究 [M]. 北京：北京工业大学出版社, 2019. 10.

[25] 郭媛媛, 邓泰, 高贺主编; 赖素文副. 园林景观设计 [M]. 武汉：华中科技大学出版社, 2018. 02.

[26] 路萍, 万象. 城市公共园林景观设计及精彩案例 [M]. 合肥：安徽科学技术出版社, 2018. 01.

[27] 杨湘涛. 园林景观设计视觉元素应用 [M]. 长春：吉林美术出版社, 2018. 03.

[28] 曾筱, 李敏娟. 园林建筑与景观设计 [M]. 长春：吉林美术出版社, 2018. 01.

[29] 吕敏, 丁怡, 尹博岩. 园林工程与景观设计 [M]. 天津：天津科学技术出版社, 2018. 01.

[30] 程越, 赵倩, 延相东. 新中式景观建筑与园林设计 [M]. 长春：吉林美术出版社, 2018. 03.

[31] 王克勤, 涂璟. 林业生态工程学南方本 [M]. 北京：中国林业出版社, 2018. 01.

[32] 樊文裕. 林业生态建设科技与治理模式研究 [M]. 哈尔滨：黑龙江教育出版社, 2018. 03.

[33] 温国胜, 伊力塔, 俞飞. 基层林业干部培训教材全国高等农林院校十三五规划教材林业生态知识读本 [M]. 北京：中国林业出版社, 2018. 04.

[34] 王海帆. 现代林业理论与管理 [M]. 成都：电子科技大学出版社, 2018. 07.

[35] 林健. 林业产业化与技术推广 [M]. 延吉：延边大学出版社, 2018. 10.

[36] 慕宗昭. 林业工程项目环境保护管理实务 [M]. 中国环境出版社, 2018. 12.